E. von Aster

Raum und Zeit in der Geschichte der Philosophie und Physik

E. von Aster

Raum und Zeit in der Geschichte der Philosophie und Physik

ISBN/EAN: 9783955623104

Auflage: 1

Erscheinungsjahr: 2013

Erscheinungsort: Bremen, Deutschland

bremen
university
press

PHILOSOPHISCHE REIHE / 45. BAND

E. VON ASTER

RAUM UND ZEIT IN DER GESCHICHTE DER PHILOSOPHIE UND PHYSIK

PHILOSOPHISCHE REIHE
HERAUSGEGEBEN VON DR. ALFRED WERNER
45. BAND

RAUM UND ZEIT IN DER GESCHICHTE DER PHILOSOPHIE UND PHYSIK

*

VON

E. VON ASTER
O. PROFESSOR AN DER UNIVERSITÄT GIESSEN

Inhalt

Einleitung

Das Hauptziel unseres Denkens, der eigentliche letzte Gegenstand unserer Erkenntnis, unserer Wissenschaft ist die Wirklichkeit. Allem Wirklichen aber, einschließlich der eigenen Person, schreiben wir eine doppelte Eigenschaft zu: es ist irgendwo und irgendwann, es hat einen Ort im Raume und eine Stelle in der Zeit. Was keine Raum- und Zeitstelle hat, was niemals und nirgends war oder sich ereignet hat, das zählt auch nicht zum Wirklichen im eigentlichen Sinn dieses Wortes. Und alle Dinge haben ihren Ort in einem und demselben Raume, der sich, wie es scheint, über alle Grenzen hinaus ausdehnt und alles Wirkliche in sich befaßt, ebenso wie alle Vorgänge Vorgänge in der einen Zeit sind, in der sie sich voreinander, nacheinander und zugleich abspielen. Wie zwei ungeheure Behältnisse scheinen Raum und Zeit alles Wirkliche zu umfassen. Freilich: ganz gleichartig verhalten sich Raum und Zeit den verschiedenen Gebilden der Wirklichkeit gegenüber nicht. Alles Körperliche ist räumlich ausgedehnt, jeder Körper ist ein erfüllter Raum. So gewiß dagegen Gefühle und Wollungen, Denkakte und Erinnerungen zeitliche Vorgänge sind, ebenso wie jede körperliche Bewegung in der Zeit anheben, dauern und vergehen, so sind sie doch nicht in demselben Sinn wie die Körper räumlich ausgedehnt und in bestimmter räumlicher Lage bestimmbar: ein Gefühl der Freude ist nicht nach Millimetern zu messen und um eine meßbare Strecke von einem gleichzeitigen andern Gefühl entfernt. Aber mittelbar, durch die unaufhebbare, wenn auch nicht exakt definierbare Beziehung auf „meinen" Körper stehen doch auch die Vorgänge der rein seelischen Wirklichkeit meines Ich in Zusammenhang mit dem Raum und einem bestimmten Ort des Raumes.

Wir können nichts Wirkliches denken, das nicht in Raum und Zeit wäre. Aber wir können, so scheint es, umgekehrt das Wirkliche aus Raum und Zeit wegdenken. Dann bleiben Raum und Zeit als „leerer" Raum und „leere" Zeit übrig. Schon hier aber entstehen nun seltsame Probleme und Schwierigkeiten. Habe ich alles Körperliche und Seelische fortgenommen, habe ich alles Wirkliche aufgehoben, so kann, scheint es doch, nur das bloße Nichts übrig bleiben. Und in gewissem Sinn ist ja auch der leere Raum und die leere Zeit für uns das reine „Nichts". Aber doch sind sie auch wieder Etwas, da sie „existieren", sind also etwas „Wirkliches“. Welches ist die „Seinsweise“, die diesen seltsamen Gebilden zukommt? Ist der scheinbar den Dingen logisch voraufgehende, als Bedingung ihrer Möglichkeit voraufgehende Raum, ist der leere Raum, der übrig bleibt, wenn wir alles Wirkliche fortdenken, vielleicht nur ein erdachtes, ein bloß *fingiertes* Gebilde? Und ist in diesem Fall eine solche Fiktion dann berechtigt? Die Frage greift in ihren Konsequenzen, wie man leicht sieht, über das Gebiet der reinen philosophischen Reflexion weit hinaus in das der spezialwissenschaftlichen, der naturwissenschaftlichen Theorie: ist es sinnvoll und berechtigt, die körperliche Wirklichkeit in eine Summe von Atomen, die durch leere Räume getrennt sind, aufzulösen; dürfen wir von durch den leeren Raum hindurch wirkenden Fernkräften reden? Oder müssen wir mit dem Raum auch ein materielles Ding einführen, das den Raum kontinuierlich erfüllt? Fast in noch größere Schwierigkeiten geraten wir, wenn wir die Frage der „Seinsweise“ der Zeit gegenüberstellen: „existiert“ die Vergangenheit, die doch nicht mehr, die Zukunft, die doch noch nicht existiert? Gibt es eine gleichmäßig verfließende Zeit an sich, die wir doch nie zu messen, nie wahrzunehmen vermöchten, da jede Zeit, die wir messen, immer nur die Dauer eines bestimmten Vorgangs ist, die wir mit der Dauer eines bestimmten andern Vorgangs (der Bewegung des Uhrzeigers, der Bewegung der Sonne) vergleichen?

Neben die ontologischen und physikalischen Fragen nach der Art der Existenz von Raum und Zeit aber tritt weiter die erkenntnistheoretische Frage: woher wissen wir von Raum und Zeit? Sehen wir den Raum, nehmen wir ihn einfach wahr, wie wir Farben sehen und Töne hören? Aber der eine grenzenlose Weltraum, in dem es kein „oben“ und „unten“, kein rechts und links mehr gibt, die eine unendliche Zeit ohne Anfang und Ende sind keine sichtbaren Gebilde. Und woher wissen wir mit solcher Bestimmtheit, daß Raum und Zeit weder Anfang noch Ende haben? Die Wahrnehmung kann uns das unmöglich lehren.

Wir können die Frage nach dem Ursprung unseres Wissens von Raum und Zeit und zugleich der Gewißheit dieses Wissens uns noch in speziellerer Form vorlegen. Alles Wirkliche, so begannen wir, jeder Gegenstand der Natur ist irgendwo und irgendwann. Darum hat es auch die Naturwissenschaft überall mit Raumzeitlichem zu tun. Nun gibt es aber neben den „Realwissenschaften“ die „Idealwissenschaft“ der reinen Mathematik. Die Gegenstände der mathematischen Untersuchung sind nicht Dinge, die irgendwann und wo in Raum und Zeit entstehen, vergehen, dauern. Die Zahl 2, die Größe i, die gerade Linie existieren nicht hier oder dort, in mir oder außer mir im Raum, es „gibt“ sie, aber sie „existieren“ nicht wie reale Dinge oder Denkakte. Gleichwohl führt nun gerade der Gegenstand der Mathematik uns auf Raum und Zeit zurück. Die reine Geometrie hat es mit dem Raum, die reine Kinematik mit Raum und Zeit zu tun. Und gerade hier auch wieder, in der mathematisch-logischen Behandlung von Raum und Zeit stoßen wir auf eine Fülle neuer oder vielmehr ältester Probleme. Es entstehen die Paradoxien des Unendlichen, die Schwierigkeiten, die in der unendlichen Teilbarkeit des Raumes und der Zeit, im Gedanken des Unendlich-Kleinen liegen, die sich auch aus der Aufgabe ergeben, das Kontinuum mathematisch zu fassen. Auf der anderen Seite führt uns die Mathematik über den Raum hinaus zu allgemeineren „Mannigfaltigkeiten“, läßt sie uns den uns bekannten Raum als Spezialfall solcher allgemeinerer Gebilde ableiten und auffassen. Es sind „Räume“ von beliebig vielen Dimensionen, es sind neben dem Euklidischen nicht Euklidische Räume, neben dem geraden und unendlichen gekrümmte und endliche Räume denkbar. Aber eben damit entsteht eine neue Frage: Behaupten wir mit Recht, daß unser Raum dreidimensional, Euklidisch und unendlich ist? Der Raum, wie ihn die Mathematiker entwickeln, ist ein Gedankengebilde, aber eines unter vielen möglichen: Können wir entscheiden und wie können wir entscheiden, welcher dieser möglichen Räume wirklich ist? Hat hier Erfahrung zu sprechen und in welcher Weise und welchem Maßstab?

Dem Raum reiht sich auch hier die Zeit an. Ein Anfang der Zeit scheint ebenso wie eine Grenze des Raumes undenkbar, aber gewisse Überlegungen, die sich auf physikalische Tatsachen (wie das Gesetz der Entropie) stützen, scheinen den Gedanken einer Endlichkeit des Weltgeschehens nahe zu legen. Wie ist Beides zu vereinigen? Der Möglichkeit eines in sich zurücklaufenden, endlichen Raumes entspricht auf der andern Seite die Möglichkeit einer periodischen Wiederholung alles zeitlichen Geschehens, einer „ewigen Wiederkehr" wie er schon früh in der Geschichte der abendländischen Philosophie auftaucht und in jüngster Zeit von Nietzsche wiederholt worden ist. Endlich: es schien selbstverständlich, daß Raum und Zeit zwar in gewisser Hinsicht analog gebildete, aber doch selbst von einander unabhängige Wesenheiten seien. Eine alte Definition bestimmte den Raum als das in allen seinen Teilen Z u g l e i c h s e i e n d e, räumliche Entfernung also als Etwas, das mit zeitlichem Nacheinander nichts zu tun hat. Daß wir räumlich Auseinanderliegendes auch nur zeitlich nacheinander wahrnehmen können, schien rein subjektiv bedingt, mit der Natur von Raum und Zeit nichts zu tun zu haben. Dieselbe moderne physikalische „Relativitätstheorie“, in deren Konsequenz es liegt, den wirklichen Raum nicht euklidisch und geschlossen zu denken, bringt auch diese Unabhängigkeit ins Wanken, setzt an ihre Stelle ein vierdimensionales Raum-Zeit-Kontinuum und macht mit dem Gedanken Ernst, daß von einem bestimmten Zeitverhältnis zweier Gegenstände, von ihrem Zugleich oder Nacheinander, nicht schlechthin, sondern stets nur relativ zu einem bestimmten Raumpunkt und dem auf ihm gedachten Betrachter gesprochen werden kann.

So ist es eine große Fülle von Problemen, die gerade an die Begriffe des Raumes und der Zeit sich knüpfen. Und zwar Probleme, die uns von den höchsten Abstraktionen der Ontologie und Logik und den Spekulationen der Metaphysik bis zu den Experimenten der Physik und der Psychologie führen. Ontologischer Natur ist die Frage nach der Seinsweise und der Gegenständlichkeit von Raum und Zeit. Metaphysisch ist die Frage nach dem Verhältnis des Raumes und der Zeit zu der etwa vorausgesetzten letzten und höchsten Realität des „An-sich“ der Dinge. Bis ans theologische Gebiet streifen wir hier, wenn wir an die bestimmten der Gottheit zugeschriebenen Eigenschaften der Allgegenwart und Ewigkeit denken und die in ihnen stekkende eigentümliche Aufhebung des raumzeitlichen Seins. Dazu kommen die erkenntnistheoretischen Fragen nach dem Ursprung unseres Wissens von Raum und Zeit und seiner eigentümlichen Einsicht und Gewißheit, an die dann wiederum gewisse psychologische Untersuchungen, die sich speziell auf das Raum- und Zeitbewußtsein und seine allmähliche Entwicklung, die Scheidung des Angeborenen und Erworbenen in ihm, ferner auf die subjektive Zeit- und Raumschäßung im Verhältnis zur objektiven Raum- und Zeitmessung beziehen. Endlich die mathematischen und physikalischen Probleme, von den Paradoxien des Unendlichen, die der reinen Denkbarkeit von Raum und Zeit jene schwer zu überwindenden Schwierigkeiten entgegenseßen bis zur Frage nach dem Verhältnis des physikalisch-wirklichen Raumes zu den mathematischen Raumformen, die uns schließlich wieder auf Experiment und Erfahrung weist.

Es ist die mit nichts sonst vergleichbare eigentümliche Natur und zugleich die merkwürdige Stellung von Raum und Zeit im Zusammenhang der wirklichen und der uns denkbaren Welt, der reellen und ideellen Gegenständlichkeit, die sie so zum Mittelpunkt aller jener Probleme werden läßt. Und diese eigenartige Natur und Stellung ist es, die dem menschlichen Denken in jenen Problemen allmählich zum Bewußtsein kommt. In diesem Sinn jene Probleme durch die Geschichte der abendländischen Wissenschaft flüchtig zu verfolgen und so eines der bedeutsamsten Stücke des philosophischen Denkens in dieser Wissenschaft seiner Entwicklung nach in einem kurzen Abriß zu verfolgen, soll die Aufgabe der folgenden Darstellung sein.

Die ältere griechische Philosophie

Mit kosmogonischen Spekulationen, mit Versuchen, durch Angabe eines „Urstoffes" die Frage nach dem Woher, dem „Anfang" der Dinge zu beantworten, beginnt die griechische Philosophie des sechsten vorchristlichen Jahrhunderts. Diesen Kosmogonien aber, die bald aus dem Wasser (Thales), bald aus der Luft (Anaximenes), bald aus dem Feuer (Heraklit) die Natur entstehen lassen, in diesen Stoffen ihren einheitlichen und unversiegbaren Lebensquell erblicken, gehen, nicht durch eine scharfe Grenze von ihnen getrennt, mythologische Dichtungen vorher und zum Teil noch zur Seite, die vom Ursprung und Stammbaum der großen Götterfamilie handeln und dabei auch auf die Frage nach dem allerersten Anfang, nach dem was war ehe selbst die Götter wurden, geführt werden. In Hesiods uns erhaltenen Versen einer seiner „Theogonie" wird für das Erste das „Chaos" erklärt, dem die Erde mit dem Tartaros in ihrer Tiefe und die zeugende Kraft des Eros folgen. Im „Chaos" versucht Hesiod offenbar das „Nichts" zu fassen, auf das wir nach dieser naiven Weltentstehungslehre doch offenbar stoßen müssen, wenn wir hinter alles Sein zurückgehen; aber er sucht dies „Nichts“ doch zugleich als ein „Etwas“ zu begreifen, wie es unvermeidlich war, wenn aus diesem Nichts eben die Welt werden sollte. Etymologisch nun ist Chaos das „Gähnendleere“ — ersichtlich also ist es der leere Raum, an den der Dichter hier denkt. Freilich fließt für ihn zweifellos dieser Raum mit einer unbestimmten und gestaltlosen Masse zusammen, die nun weiter das Finstere und Dunkle ist: „Erebos“ und „Nacht“ entspringen dem „Chaos“. Wir denken an das „Wüste und Leere“, die „finstere Tiefe“ der Bibel. Daß es bei keiner rein begrifflichen Bestimmung bleibt, sondern das Chaos wie die Kraft (der Eros) und die Erde (die „breitbrüstige“) zu einer Personifikation wird, ist bei dem mythologischen Charakter der Dichtung selbstverständlich.

Die schärfer sich herausarbeitende gedankliche Einsicht, daß „aus Nichts Nichts werden“ zusammen mit dem Bedürfnis des nach Einheit strebenden Verstandes, auf einen letzten Urgrund alle Dinge zurückzuführen, schlägt die Brücke vom Mythos zur Philosophie hinüber und läßt den „Anfang“ zum Urstoff werden, wie ihn die vorhin erwähnten kosmogonischen Spekulationen der alten jonischen Philosophen suchen. Diesem Urstoff aber bleibt eine Grundeigenschaft, die an den Raum erinnert: die Unendlichkeit, die Grenzenlosigkeit; Anaximander, der zweitälteste in der Reihe der griechischen Philosophen, betont diese Eigenschaft so stark, daß für ihn der Urstoff keine andere Bezeichnung erfährt als die des „Apeiron", des Unbegrenzten. „Unbegrenzt" offenbar in vielfacher Hinsicht, ohne daß diese Hinsichten gedanklich geschieden würden, räumlich und zeitlich also, unendlich und ewig, aber vor allem auch „unerschöpflich" als lebendiger Schoß und Quell aller Dinge. Endlich lehnte es Anaximander ab, das Apeiron mit einem bestimmten einzelnen Körper zu identifizieren, dem Wasser oder der Luft etwa, weil die Unendlichkeit eines solchen Stoffes für die übrigen, ihm entgegengesetzten, keinen Platz gelassen hatte: diese bestimmten Körper entstehen vielmehr, indem aus dem Unbegrenzten, Allumfassenden und damit Gegensatzlosen sich die Gegensätze in gegenseitiger Begrenzung, das Begrenzte und Endliche also, ausscheiden: das Heiße und Kalte, das Trockene und Flüssige, das Helle und Dunkle. Damit wird das Apeiron zum qualitativ Unbestimmten, alles qualitativ Bestimmte aber zu einem Begrenzten, nämlich durch seinen Gegensatz Begrenzten. Aristoteles' qualitätslose erste Materie deutet sich in Anaximanders Apeiron an, nur daß für Anaximander das Apeiron, das Höchste, das Göttliche, das eigentlich Wirkliche ist, das das Endliche und Begrenzte auch wieder in sich zurücknimmt, wie es dasselbe hat aus sich hervorgehen lassen, während Aristoteles' erste Materie zum bloß „Möglichen", durch dessen Gestaltung das Wirkliche wird, herabsinkt. Und noch eins tritt hier in die Erscheinung: Die „Welt", nach deren Entstehung die griechische Philosophie fragt, ist der „Kosmos", also der Inbegriff der geordneten harmonisch und organisch ineinander greifenden Dinge. Wie ist aus dem Chaos, in dem es keine solche klar unterscheidbaren Dinge gibt, dieser Kosmos entstanden? so lautet die Frage. Hier aber liegt dann zugleich der weitere Gedanke nahe: es geschieht, indem das Verschiedene sich sondert und das Gleiche zum Gleichen tritt, nur so können bestimmte Dinge, heiße und kalte, feste und flüssige, weiße und schwarze, können Himmel, Erde, Luft und Meer entstehen. Die „Ursachen", die die Philosophie des fünften Jahrhunderts einführt, um die Entstehung des Kosmos begreiflich zu machen, sind durchgehends Kräfte, die eben das Gleiche zum Gleichen treiben und das Verschiedene voneinander entfernen: „Haß" und „Liebe" bei Empedokles, der ordnende Nus des Anaxagoras, die verschiedene Schwere der daher ungleich schnell fallenden Körper bei den Atomisten. Das Chaos oder Apeiron aber schwebt in der Mitte zwischen „einem nicht näher zu bezeichnenden unendlichen Stoff, der allen bestimmten Gegensäßen gegenüber indifferent ist und einer **Mischung** aller Qualitäten, in der die Gegensäße sich aufheben.

Vielmehr: Aus dem über alle Gegensäße erhabenen indifferenten Stoff des Anaximanderschen Apeiron mußte diese ursprüngliche Mischung werden, nachdem durch die scharfe begriffliche Herausarbeitung des Gegensaßes von „Sein" und „Nichtsein" bei den Eleaten, aus dem „Aus Nichts wird Nichts" der andre Gedanke geworden war, daß alles Seiende als solches Ewiges, Unzerstörbares und Unentstandenes sein müsse. „Werden" kann ja hier nur noch die verschiedene Verteilung, die Mischung und Sonderung in diesem von Anbeginn her gleichartig Seienden. So ist das irgendwie seiend und personifiziert gedachte uranfängliche Nichts, dessen Name an den leeren Raum erinnert, der unendliche und indifferente Stoff, endlich die unterschiedslose Mischung aller Stoffe nacheinander zum Ausgangspunkt der „Kosmogonie" geworden. Je schärfer und konsequenter nun der Begriff des „Seienden" gefaßt, je mehr die „Arche", der Urstoff der Dinge zur starren Substanz wird, die nicht vermehrt und vermindert werden kann, deren einzige Veränderung darin besteht, daß ihre Teile sich voneinander fort und aufeinander zu bewegen, desto mehr drängt die Entwicklung der Begriffe dahin, neben die Substanz und die Summe ihrer Teile als gleich ursprünglich wiederum den Raum, jetzt ausdrücklich den leeren Raum, zu stellen, in dem die Teile des Seienden sind und in dem sie sich bewegen. Das geschieht bei den Atomisten, bei Demokrit. Im vollen Bewußtsein der von ihm begangenen unvermeidlichen Paradoxie stellt Demokrit dem Satz des Eleaten Parmenides, daß „nur das Seiende ist, das Nichtseiende aber in keiner Weise ist", also der Grundfehler alles falschen Denkens darin bestehe, Nichtseiendes in das Sein einzumengen, seine Behauptung entgegen: auch das „Nichtseiende sei", nämlich eben „das Leere", in dem das Seiende, die Atome sich bewegen. Diesen leeren Raum hinzuzudenken ist notwendig, damit Bewegung, Ortsveränderung möglich wird und somit die einzige Art der Veränderung, die mit der strengen substantiellen Seinsnatur, das heißt mit der Unzerstörbarkeit und qualitativen Unveränderlichkeit des einzelnen Atoms vereinbar ist. Parmenides' Verbot, irgendwelches Nichtsein mit dem Sein zusammen zu denken, führte zur Aufhebung aller Veränderung und aller Vielheit, da beides Sein und Nichtsein zusammen umschließt.

Demokrit, der so in der ausdrücklichen Betonung des leeren Raumes als einer für Masse und Bewegung notwendigen Vorraussetzung die Position Newtons vorwegnimmt, hat sich aber zugleich als scharfsinniger Mathematiker mit der Natur des Raumes nach anderer Richtung, mit der unendlichen Teilbarkeit und dem unendlich Kleinen, beschäftigt. In bezug auf diesen Punkt müssen wir jedoch, um seine Stellung zu verstehen, noch einmal auf die Entwicklung der eleatischen Philosophie zurückgehen und auf ihren Gegensatz zu einer andern philosophischen Richtung des frühen Altertums, zum Pythagoreismus, ein Gegensatz, der zuerst zur Ausbildung der Paradoxien des Unendlichen Anlaß gibt.

Finden wir die ältesten griechischen Philosophen vornehmlich mit den Tatsachen der Meteorologie, der Geographie und Physik beschäftigt, so waren in der pythagoreischen Schule mathematische und vor allem Untersuchungen über die Zahlen üblich. Wie aber dort die Erfahrungen über die Macht des Wassers, der Luft, des Feuers, so wird hier das Nachdenken über die Zahlen zum Sprungbrett für die Entwicklung einer die ganze Welt umfassenden und erklärenden Kosmogonie. Die Dinge werden ihnen zu „Nachahmungen der Zahlen", die Prinzipien der Zahlenwelt zu Prinzipien der Wirklichkeit. Die Prinzipien der Zahlen nun sind das „Gerade" und „Ungerade", das dann von den Pythagoreern mit dem „Unbegrenzten" und „Begrenzten" gleich gesetzt wird. Es ist nicht ganz klar, wie diese Gleichsetzung zustande kam und begründet wurde (entweder verstanden die Pythagoreer unter den geraden-unbegrenzten Zahlen diejenigen, bei denen eine ins Grenzenlose gehende Zweiteilung möglich war, dann hätten sie Zahlen wie 6 oder 10 als „gerad-ungerade", aus Gerade und Ungerade gemischte Zahlen von den eigentlich geraden Zahlen noch geschieden; oder die ungerade-begrenzte Zahl bedeutete für sie, daß bei der Teilung der ungeraden Zahl in zwei gleiche Teile in der Mitte eine unteilbare Einheit übrig bleibt), jedenfalls dient sie ihnen als Übergang von der Arithmetik zur Geometrie, wie dann weiter die Identifikation des Unbegrenzten mit der Finsternis, dem dunklen Schoß der Erde, des Begrenzenden mit dem Licht und dem Feuer den Übergang zur physikalischen Kosmogonie ermöglicht. Das Unbegrenzte ist der leere Raum, indem das „Begrenzende" in ihn hineinwirkt, entsteht der Punkt, die Linie, die Fläche, der Körper, der Einheit, Zweiheit, Dreiheit, Vierheit entsprechend: als letzte Einheit ist der Punkt im Raume gesetzt, durch 2 Punkte ist die gerade Linie, durch 3 das Dreieck, durch 4 die Pyramide bestimmt. Damit wird nun der Punkt zu etwas in sich Wirklichem und Selbständigem im Raum, ein im Raum Abgegrenztes, nicht selbst etwa eine bloße abstrakte Grenze, ein Element des Raumes (ebenso wie die Fläche nicht Grenzfläche eines Körpers ist, sondern umgekehrt der Körper als Produkt einer Zusammenfügung von Flächen erscheint, ein Gedanke, in dem später Platos „Timaios" dem pythagoreischen Vorbild folgt). Der Punkt ist also die letzte Raumgröße und der Raum selbst und alles Körperliche wird als aus Punkten zusammensetzbar, aus diskreten Einheiten bestehend gedacht.

Diese pythagoreische Lehre ist es nun offenbar, die die scharfsinnige Polemik des Eleaten Zenon hervorruft, in dessen berühmten Argumenten gegen die Realität des „Vielen" und der „Bewegung", die zum erstenmal und zugleich in mustergültig scharfer und klarer Form die Paradoxien des Unendlichen hervorheben. Metaphysisch will Zenon die Lehre seines Lehrers Parmenides von der strengen Einheit und Unveränderlichkeit des wahrhaft wirklichen Seins und der bloßen Scheinwelt des Vielen und sich Bewegenden stützen, er tut das aber in indirekter Beweisführung, indem er Vielheit und Bewegung als undenkbar, als widerspruchsvoll darzutun versucht.

Wenden wir uns zunächst zu den Argumenten gegen das „Viele", so denkt Zenon hier an die Punkte, aus denen der Pythagoreismus Raum und Körper zusammensetzen wollte. Entweder, so heißt es bei Zenon, dieses

„Eine", der Punkt also, hat gar keine Größe. Dann kann ich nie Dinge aus endlicher Größe aus solchen Punkten aufbauen, „denn nichts kann Größe gewinnen durch Hinzufügung von dem, was keine Größe besitzt." Oder das „Eine" hat Größe und Dicke und befindet sich in bestimmter räumlicher Entfernung (ist räumlich abgegrenzt) von einem andern, seinem Nachbarpunkt. Dann kann man offenbar von dieser, jene zwei benachbarten Raumpunkte trennenden räumlichen Entfernung oder Größe wieder dasselbe sagen, sie muß als bestimmte wirkliche Raumgröße von den an sie angrenzenden Punkten geschieden, also durch eine endliche Entfernung geschieden sein usw. ins Unendliche. Mit anderen Worten ist alles Räumliche aus Punkten endlicher Größe zusammengesetzt, so wird jede noch so kleine Strecke des Raumes unendlich groß, wie vorher jedes noch so große Ding zu Nichts zusammenschrumpfte, wenn es aus lauter größelosen Punkten zusammenaddiert wurde. Und wie unendlich klein und unendlich groß, so wird das „Viele" in ganz entsprechender Beweisführung zu einem endlichen und unendlichen an Zahl. Alles Viele muß ein bestimmtes an Zahl sein („wenn die Dinge ein Vieles sind, müssen sie genau so viele sein, als sie sind und weder mehr noch weniger"), also ein endliches (genau dieselbe Beweisführung kehrt ins Kants Thesis der zweiten Antinomie wieder). Ist aber jedes Einzelne, auf das die Zerlegung des Vielen führt, selbst wieder vom andern Einzelnen durch ein dazwischen Liegendes getrennt, so wird das Viele unendlich an Zahl.

Der Widerspruch entsteht, indem das Kontinuum des Raumes aus diskreten Punkten zusammengesetzt gedacht wird. Denselben Widerspruch sucht Zenon dann in der Bewegung aufzuzeigen. Ein Läufer, der eine Rennbahn durchläuft kann nie an das Ende derselben gelangen. Denn ehe er die ganze Bahn durchmißt, muß er die Hälfte der Bahn, vor dieser Hälfte im Ganzen aber wieder ihre Hälfte durchlaufen haben und so fort in infinitum. In jeder Strecke ist eine unendliche Zahl von Punkten enthalten, es ist aber unmöglich in einer endlichen Zeit eine solche unendliche Zahl von Punkten einen nach dem andern zu berühren. Auf dasselbe läuft das bekannte Beispiel vom Wettlauf zwischen Achill und der Schildkröte hinaus: Achill kann die Schildkröte nie einholen. Er muß zuerst den Platz erreichen, von dem die Schildkröte ausging. Während dieser Zeit wird die Schildkröte ein Stück Weges vorausgekommen sein. Achill muß nun dieses einbringen und wieder wird die Schildkröte voraus sein. Er kommt immer näher, aber er erreicht sie nie.

Mit der Untersuchung der Bewegung trifft die

Zeit in die Betrachtung mit ein. Sie wird noch wichtiger in zwei weiteren Argumenten. „Der fliegende Pfeil ruht". Denn er befindet sich in jedem einzelnen Zeitaugenblick, in jedem Zeitpunkt, an einer und nur einer bestimmten Stelle des Raumes. Was an einer und nur einer Stelle des Raumes ist, ruht; also ruht der fliegende Pfeil in jedem einzelnen Zeitpunkt seiner Bewegung. Ruht er aber in jedem Augenblick, so ruht er die ganze Zeit über. Hier wird die Zeit wie vorher der Raum und das Räumliche in eine diskrete Summe von Zeitpunkten aufgelöst. Für uns heute vielleicht das bedeutsamste aller zenonischen Argumente, im Altertum dagegen verhältnismäßig leicht genommen, ist ferner dasjenige, in dem der Eleat sich des Hinweises auf die Relativität aller Bewegung (Geschwindigkeit) bedient, um die logische Unmöglichkeit der letzteren darzutun. Von drei Reihen von Körpern ruht die eine, während die beiden andern sich mit gleicher Geschwindigkeit in entgegengesetzter Richtung bewegen. Dieselbe in Bewegung befindliche Körperreihe braucht hier verschiedene Zeiten, um die gleiche Strecke zu durchlaufen, nämlich um an derselben Anzahl von Körpern (Punkten) vobeizukommen, wenn wir einmal die ruhenden ein andres Mal die entgegengesetzt bewegten Körper ins Auge fassen. Die Form freilich, in die Zenon selbst dies Argument faßt, machte es den späteren griechischen Philosophen (Aristoteles) leicht, es als bloßen Trugschluß, als Sophisterei hinzustellen: warum soll denn, fragt Aristoteles, ein mit bestimmter Geschwindigkeit sich bewegender Körper nicht verschiedene Zeit brauchen, um an der gleichen Zahl ruhender oder bewegter Körper vorbeizukommen? Zenons Gedanke entfaltet offenbar erst seine volle Kraft, wenn wir uns deutlich machen, daß von bestimmter Geschwindigkeit eines Körpers ja nicht schlechthin, sondern nur in bezug auf einen andern Körper gesprochen werden kann, daß auch „Ruhe" und „Bewegung" überhaupt einem Körper nur relativ zu einem andern Körper beigelegt werden können. Diese Relativität von Ruhe und Bewegung schlechthin aber liegt der antiken Philosophie, die in Ruhe und Bewegung qualitativ, nicht quantitativ verschiedener Zustände eines Körpers sieht, überhaupt fern. Es wird hierauf bei der Besprechung der Aristotelischen Physik etwas näher zurückzukommen sein.

Neben die Relativität der Bewegung tritt endlich in einem zuletzt zu erwähnenden Argument bei Zenon noch die Relativität der Ortsbestimmung. Gibt es eine Vielheit von Dingen, so ist es jedes von ihnen irgendwo im Raume. Das gilt dann aber auch von dem Raum selbst, daß heißt auch dieser Raum ist irgendwo im Raum — und so fort ins Unendliche. Auch der tiefere Sinn dieses Arguments, der auf die Unmöglichkeit einer absoluten Ortsbestimmung, einer Bestimmung des Ortes eines Gegenstandes im Raum oder in bezug auf den Raum hinweist, ist offenbar im Altertum nicht verstanden worden.

Kehren wir von Zenon und seinem Kampf gegen die pythagoreischen Vorstellungen nun wieder zu dem jüngeren Demokrit zurück, so lehrt der große Naturforscher aus Abdera im Gegensatz zu den beiden letzterwähnten Argumenten einen absoluten Raum und eine absolute Bewegung (letztere insbesondre, wenn schon er und nicht erst Epikur den Atomen von Haus aus eine Fallbewegung von oben nach unten im unendlichen Raum zuschrieb). Es wurde schon hervorgehoben was ihn dazu führt: Die Forderung der Unzerstörbarkeit und Ewigkeit des Stoffes, der Substanz läßt alle Veränderung ausschließlich als Ortsveränderung, als Bewegung denken, Bewegung aber ist nur denkbar als Verschiebung im absoluten Raum. Die Schwierigkeiten aber, die sich aus der unendlichen Teilbarkeit ergeben, löst Demokrit zunächst, indem er zwischen Raum und Körper im Raum scharf scheidet. Der Raum ist ins Unendliche teilbar, die Teilung des Körpers dagegen führt auf kleinste, aber ausgedehnte Körperchen von bestimmter Größe und Gestalt, die Atome.

Der Raum ist nicht aus diskreten Punkten zusammengesetzt, sondern ein Kontinuum: daß Demokrit die Probleme, die in der unendlichen Teilbarkeit des Kontinuums noch liegen, sehr wohl gekannt und überlegt hat, zeigen uns andre Überlieferungen. Bei Plutarch hat sich eine Stelle erhalten, an der Demokrit auf das Paradoxon hinweist, daß wenn wir einen Kegel durch unendlich viele parallel zur Grundfläche gelegte Ebenen schneiden, die aufeinander folgenden Schnittflächen gleich oder ungleich sein müssen; sind sie aber gleich, so haben wir anstatt des Kegels einen Zylinder, sind sie ungleich, so wird aus dem Kegel ein Körper mit treppenartigen Vorsprüngen und Einschnitten (Diels, Vorsokratiker, 55, B 155). Wir wissen ferner, daß Demokrit durch diese Zerlegung des Kegels und der Pyramide in unendlich dünne Schnitte, also durch eine Art Integrationsverfahren den Inhalt der genannten Körper fand. Er vermochte also mit dem unendlich Kleinen richtig zu r e c h n e n, aber allerdings noch nicht seine Sätze in einer die antiken Mathematiker und ihr Verlangen nach Exaktheit befriedigenden Art und Weise zu beweisen. Hier führt dann der bedeutende Mathematiker E u d o x o s aus Knidos, ein Zeitgenosse und Freund Platos, den wichtigsten Schritt weiter, indem er an die Stelle des Begriffs der „unendlich kleinen" den Begriff der Größe setzt, die „kleiner wird als jede beliebige gegebene Größe". Der Satz des Eudoxos: wenn man von einer Größe die Hälfte oder mehr abzieht, dann von dem Rest abermals die Hälfte oder mehr nimmt, und so fortfährt, so ist es möglich, zu einer Größe zu gelangen, die kleiner als jede gegebene Größe ist — dieser Satz, in dem er seinen Begriff des unendlich Kleinen und dessen Anwendbarkeit fixierte, diente ihm wie Euklid und später dem Vollender der griechischen Mathematik Archimedes, um die grundlegenden Sätze über den Inhalt der Pyramide und des Prismas, des Kegels und des Zylinders mit Hilfe des sogenannten Exhaustionsbeweises exakt abzuleiten (ein einfaches Beispiel dieses Beweisverfahrens bietet die Ableitung des Satzes, daß zwei Kreise sich wie die Quadrate ihrer Durchmesser verhalten durch das dem Kreis eingeschriebene Polygon, dessen Seitenzahl man ständig wachsen läßt, so daß die Größe der übrig bleibenden Kreissegmente schließlich kleiner wird als jede gegebene Größe). Freilich war diese ganze Betrachtungsweise erst möglich, als die von den Pythagoreern ausgebildete Lehre von den Proportionen auch auf die irrationalen Größen übertragen werden konnte. Auf das Problem des Irrationalen selbst, das ja mit dem des Unendlich-Kleinen eng zusammenhing, war schon Pythagoras gestoßen, auf ihn scheint schon der Beweis für die Inkommensurabilität der Seite und der Diagonale des Quadrats zurückzugehen. Auch diese Theorie des Inkommensurablen wird dann von den Demokriteern weitergeführt (Theodoros, dessen Leistungen in dieser Hinsicht in Platos „Theätet“ hervorgehoben werden) und im Platonischen Kreise, von Theätet und wiederum von Eudoxos zu einem gewissen Abschluß gebracht: Eudoxos' Definition: Gleichartig (vergleichbar) seien Größen, „deren Multipla einander übertreffen können“ und proportional seien je zwei Größen (a : b = c : d), wenn bei Vergleichung eines jeden Gleichvielfachen der ersten und dritten mit einem jeden Gleichvielfaden der zweiten und vierten (ma und mc, nb und nd, wobei m und n beliebige ganze Zahlen sind), jedesmal wenn das Vielfache der ersten kleiner, größer oder gleich groß ist als das der zweiten, auch das Vielfache der dritten kleiner, größer oder gleich groß ist als das der vierten (ist ma = nb, so mc = nb; ma > nb, so mc > nd usw.) — diese Definiton des Eudoxos erlaubte den Begriff der Proportion so zu fassen, daß er auch auf inkommensurable Größen und damit mit voller Exaktheit in der Geometrie anwendbar wurde.

Plato

Der Ausgangspunkt der Platonischen Philosophie ist die Entdeckung des „Begriffs", gleichgültig, ob diese Entdeckung nun nach der bekannten Behauptung des Aristoteles die spezifische Leistung des Sokrates ist oder ob erst Plato auf diese Entdeckung gestoßen ist. Einen Gegenstand erkennen bedeutet ihn unter Begriffe, genauer ihn unter seinen, unter den ihm zugehörigen Begriff fassen, unter den Begriff, an dem er „teilhat", das heißt zu dem er in jener einzigartigen Beziehung steht, in dem eben das Einzelne zum Allgemeinen, das Individuum zum Begriff zu stehen pflegt. Ich erkenne einen Gegenstand als Menschen, dann unterstelle ich ihn dem Begriff des Menschen, ich erkenne einen Gegenstand als „schön", dann erkenne ich ihn als teilhabend an „dem Schönen", oder zwei Gegenstände als gleich, dann haben sie für mich teil an der allgemeinen Wesenheit „des" Gleichen. Ich muß daher von diesen Begriffen, diesen allgemeinen Wesenheiten wissen, um solche Erkenntnisse vollziehen zu können, ich kann kein Gleichheitsurteil fällen, ohne zu wissen, was Gleichheit ist, keinen Menschen als solchen erkennen und beurteilen, ohne zu wissen, was eben ein „Mensch“, also das allgemeinbegriffliche Wesen des Menschen ist. Eben diese allgemeinen Wesenheiten aber, das Schöne, das Gleiche oder den Menschen an sich, lerne ich nicht wie den einzelnen Menschen, wie die individuellen gleichen oder schönen Dinge durch sinnliche Wahrnehmung, durch Sehen, Tasten und Hören kennen, sie sind nicht wahrnehmbar, sondern nur denkbar, sie sind unkörperlich, nicht körperlich, sie sind nicht ein jetzt und hier Existierendes, Entstehendes und wieder Vergehendes, sondern ein zeit- und raumlos Ewiges. Gleichwohl kommt auch diesen Gebilden ein „Sein“ zu: wie könnte das Urteil, Gegenstände seien gleich oder schön, gelten, wenn es nicht „Gleichheit“ und „Schönheit“ gäbe? Wie könnte das Urteil, Sokrates „sei“ ein Mensch gelten, wenn nicht eben der Mensch selbst, die „Idee des Menschen“, der Sokrates hier zugeordnet wird, wäre? In jedem geltenden Urteil ist das Sein der allgemeiner Begriffe, der Ideen, aber zugleich als ein ewiges und unveränderliches, sowie körperloses Sein vorausgesetzt. So wird aus den Begriffen die Welt des gedachten ewigen Seins, die den Einzeldingen als der Welt des wahrgenommenen Werdens und Vergehens gegenübersteht; die Dinge erkennen bedeutet sie in diesen Ideen gleichsam verankern. Aber die Ideen stehen nun selbst nicht beziehungslos nebeneinander. Wir brauchen nur an die Zahlen zu denken, an die bestimmten unabänderlichen Beziehungen des „Geraden“ und „Ungeraden“, der „Einheit“ und „Zweiheit“, an die mannigfaltigen arithmetischen Beziehungen; die die Pythagoreeer entdeckt hatten. Aber auch für die sonstigen Ideen gilt dasselbe: wenn Wärme und Kälte, das Feste und das Flüssige, Ruhe und Bewegung als sich ausschließende Gegensätze unserm Denken sich darstellen, so handelt es sich hier wie bei den Zahlen um fundamentale, letzte, einsichtige Beziehungen zwischen Ideen, die unser Denken, das heißt unser unsinnliches, rein geistiges Schauen jener Ideen erfaßt. Die eben betrachteten sind Beziehungen des sich gegenseitigen Ausschließens, aber es gibt auch Ideen, die sich gegenseitig fordern: wir können Bewegung nicht denken ohne etwas, das sich bewegt, ohne ein „Identisches“ also im „Wechsel“ im „Anderssein“, wie wir die Zweiheit nicht ohne die Einheit denken können. Diese Beziehungen der Ideen in evidenter Schau zu erfassen ist das Hauptziel der Erkenntnis in ihrer auf Ewiges und Unveränderliches gehenden gedanklichen Funktion; sie erklären uns aber auch zugleich den Zusammenhang der wahrnehmbaren Welt und ihrer Einzeldinge: daß ein Feuer und ein Haufen

Schnee zusammen nicht Bestand haben können, sehen wir daraus, daß Feuer ein Warmes und Schnee ein Kaltes ist. Dazu aber kommt noch ein Weiteres: die Ideen stehen nicht beziehungslos nebeneinander, sie fordern sich, sie schließen sich aus, sie kombinieren sich. Nach welchen Gesichtspunkten geht diese Kombination vor sich? Zwei Möglichkeiten bestehen hier: Demokrit lehrte, daß alles Verbinden und Trennen durch rein mechanisch wirkende Ursachen, mit blinder vernunft- und zweckloser Notwendigkeit erfolge. Anaxagoras stellte dieser blinden mechanischen Notwendigkeit eine zielstrebig und zweckvoll wirkende vernünftige Kraft entgegen: ohne Vernunft im Weltgeschehen kann das Chaos sich nie zum Kosmos geordneter Dinge gestalten. Plato stellt sich ganz und gar auf den Boden dieses Gedankens. Überall in der Welt glaubt er ein solches vernünftiges, göttliches Wirken zu erkennen. Die Ideenwelt selbst ist ein geordneter Kosmos, sie ist also selbst ein vernünftiges Gebilde, ihr irdisches Abbild in der Sphäre des Werdens und Vergehens, in der Sphäre von Raum und Zeit, die Welt der wahrnehmbaren Einzeldinge, hat also auch Teil an der vernünftigen Ordnung der Ideenwelt.

Die unkörperliche und weder gewordene noch vergängliche Welt der Ideen und ihr gegenüber die körperliche und durch die körperlichen Sinnesorgane wahrgenommene, in der Zeit entstehende und vergehende Welt der Einzeldinge — in dem Augenblick, in dem ich Platos Denken nicht mehr rein den Ideen und ideellen Zusammenhängen, sondern eben der Körperwelt und den Ursachen und Gesetzen ihres Werdens zuwandte, mußte speziell auch das Wesen von Raum und Zeit selbst zum Problem für ihn werden. Wir lernen seine Gedanken hierüber in dem Dialog „Timaios" kennen, der uns Platos Naturphilosophie bringt. Mit Nachdruck freilich betont Plato selbst zu Anfang, daß in bezug auf die Welt des Werdens und des Fließens nur wahrscheinliche, nicht evidente und gewisse Erkenntnis möglich sei und mehr noch als in seinen andern Werken bedient er sich dichterischer, mythischer Einkleidung zur Darstellung seiner Gedanken: Alles „Vergängliche" ist eben nur ein „Gleichnis".

Die Frage nach den Grundstoffen der irdischen Welt, aus denen alles Vergängliche gebildet sei, hatte bei den griechischen Naturphilosophien in verschiedener Fassung zu der Lehre von den vier Elementen des Feuers, Wassers (des Flüssigen), der Luft und Erde (des Festen) geführt, sie ist auch für Plato hier der gegebene Ausgangspunkt. Freilich: diese Elemente können nicht ewige und unzerstörbare Körper sein, die qualitativ unverändert sich nur mischen und sondern —

unveränderlich-ewige Stoffe oder Körper bestimmter Art kann die Platonische Physik, die so nachdrücklich die Körperwelt als die Welt des bloßen Werdens bestimmt hatte, nicht anerkennen. Die Erfahrung zeigt uns, daß Festes in Flüssiges, Flüssiges in Dampfförmiges übergeht, es gibt also streng genommen nicht Feuer, Erde, Wasser in der Körperwelt, sondern nur ein Feuriges, Festes, Wäßriges, das heißt ein an der Idee des Feuers, der Erde, des Wassers Teilhabendes. Durch die Teilhabe an der Idee des Feuers werden die Dinge sichtbar; durch die Teilhabe an der der Erde werden sie tastbar, hier liegt der tiefere, zweckvolle Grund für die Bedeutung dieser Ideen in der Körperwelt, dieser Ideen, die nun aber nach Platos merkwürdiger Darlegung um in der dreidimensionalen Körperwelt miteinander kombinierbar zu sein, noch zwei Mittelglieder, in Luft und Wasser, fordern.

Körperlich wirklich ist also nicht Feuer und Wasser, sondern etwas, das feurig und flüssig werden, das heißt die Gestalt des Feuers und Wassers annehmen, am einen und andern teilhaben kann. Die Frage die damit entsteht, ist die Frage nach dem, was nun eigentlich sich in dieser Weise verändert oder in dem dieses Werden, dieser Wandel sich abspielt. Eine gleichförmige und unbestimmbare „Materie“ tritt damit den zeitlos ewigen Formen als anderes Extrem gegenüber und zwischen beiden steht die Welt des Werdens: in der „Materie" entstehen Gebilde, die bald die Form dieses, bald die jenes Elements annehmen, bald an der Idee dieses, bald an der jenes Elements teilhaben. Diese Materie nun, die „Amme", den Schoß des Werdens und Vergehens, setzt Plato dem Raum gleich. Er ist das gleichmäßig Gestaltlose, in dem aber die ewigen Gestalten der Ideen Köperlichkeit gewinnen, das Nichtseiende (als leerer Raum), das dem Sein der Ideen gegenübersteht und durch dessen Mischung mit diesem Sein die Seinsweise der vergänglichen Dinge zustande kommt.

Mit dieser Lehre vom Raum als dem Mutterboden alles Werdens verknüpft sich nun ein weiterer Gedanke, den gleichfalls der „Timaios" ausführt: die Theorie der geometrischen (stereometrischen) Grundgestalten der Elemente. Die „Elemente", ihrem Dasein und ihrer Wirksamkeit in der Körperwelt nach betrachtet, sind selbst räumliche Körper, die bald feurig, bald luftförmig, bald wässerig sein können. Jeder bestimmte Körper aber muß auch eine bestimmte räumliche Form, eine bestimmte Gestalt und Begrenzung haben und jede Veränderung eines Körpers muß sich als Veränderung seiner Gestalt und Verschiebung seiner Grenzen denken lassen. So auch die Veränderung eines Körpers vom Feurigen zum Luftförmigen usw., also wird die Veränderung des Feurigen zum Luftförmigen zu einer Veränderung eines Körpers aus der Feuergestalt in die Luftgestalt: jedem Element kommt eine eigentümliche räumliche Gestalt zu als zu seinem Wesen gehörig, und da ein körperliches Ding aus der Gestalt des einen Elements in die des andern übergehen kann, so müssen diese Gestalten so gedacht werden, daß durch Umgruppierung bestimmter Teile die eine in die andere übergeführt werden kann. Zur genaueren Durchführung bedient sich Plato einer ihn offenbar lebhaft interessierenden mathematischen Entdeckung seiner Zeit, der Entdeckung, daß es fünf und nur fünf reguläre Körper — Tetraeder, Oktaeder, Ikosaeder, Würfel und Dodekaeder — gibt. Von seinem teleologischen, überall Harmonie und Ordnung fordernden erklärenden Gesichtspunkt aus scheint es ihm vernunftgemäß, daß den Elementen der Natur auch die regelmäßig gebauten und möglichst vollkommen gedachten stereometrischen Grundformen entsprechen. Jeder mathematische Körper setzt sich aus Dreiecken zusammen, das Dreieck erscheint als letzte Grundform der körperlichen Gebilde. Die vollkommenste Dreiecksform ist das rechtwinklige Dreieck, und zwar einerseits als rechtwinklig-gleichschenkliges, andrerseits als Dreieck, dessen Hypothenuse doppelt so lang ist, als die kleinere Kathete. Sechs der letzteren bilden ein gleichseitiges Dreieck, vier gleichseitige Dreiecke begrenzen das Tetraeder, acht das Oktaeder, zwanzig das Ikosaeder, so daß aus zwei Tetraedern ein Oktaeder, aus zweieinhalb Oktaeder ein Ikosaeder werden kann, wenn wir die den Körper begrenzenden Dreiecke auseinander genommen und neu zusammengefügt denken. Identifizieren wir das Feuer mit dem Tetraeder, die Luft mit dem Oktaeder, das Wasser mit dem Ikosaeder, den Würfel dagegen, der nicht aus gleichseitigen (beziehungsweise den oben beschriebenen rechtwinkligen), sondern aus rechtwinklig-gleichschenkligen Dreiecken besteht, mit der Erde, so wird die Umwandlung des Feuers in Dampf und Wasser verständlich, auf der andern Seite ist eine Umwandlung dieser Elemente in die Erde — in den auf die andere mathematisch ausgezeichnete Dreiecksform zurückgehenden Würfel — nicht ohne weiteres möglich, die Erde wird durch das Wasser nur in kleine Teile zerspalten und weggespült nicht in Wasser umgewandelt. Das übrig bleibende Dodekaeder bildet die Form des Weltalls im Ganzen, das von Plato ausdrücklich als Einheit, als nur e i n e s bezeichnet wird. So wird bei Plato die Stellung des Raumes, als des Schoßes, aus dem alles Werdende entsteht und mit dessen wechselnder Abgrenzung alle Veränderung in der

Körperwelt verbunden sein muß, zum Ausgangspunkt einer mathematisierenden Naturerklärung: das Geschehen in der Körperwelt wird auf mathematisch konstruierbare und berechenbare Umformungen stereometrischer Figuren zurückgeführt.

Im Gegensatz zum Raum hatte die Zeit in der bisherigen griechischen Philosophie eine verhältnismäßig geringe Rolle gespielt, nur in der Kosmogonie des alten Pherekydes aus Syros erscheint sie neben Erde und Zeus in halber Personifikation als Grundprinzip der Dinge. Plato als erster sucht wie das Wesen des Raumes, so auch das der Zeit selbst zu fassen. Die Welt der Ideen und des urbildlichen körperlosen Kosmos ist „ewig", das heißt genauer sie ist zeitlos, das Sein der Ideen ist ein absolutes Sein: wir können, sagt Plato von den Ideen nur sagen, daß sie sind, nicht dagegen, daß sie waren oder sein werden. Alles Sein der körperlichen Dinge dagegen ist ein werdendes oder gewordenes Sein, ein Sein also, dem zeitliche Qualitäten zukommen. Zwischen der Zeitlosigkeit der Ideen aber und dem zeitlichen Werden und Vergehen der irdischen Dinge steht das „ewige", das heißt immerwährende Sein der Himmelskörper, der Gestirne in ihrer stets gleichförmigen Bewegung, durch die Tage, Monate und Jahre abgegrenzt werden und so das feste Maß der Zeit, die „nach der Zahl im

Kreise sich bewegende Zeit", das zeitlich-irdische Abbild der Ewigkeit selbst entsteht. Auch hier entsteht so die mathematische Form, Maß und Zahl, als Mittelglied zwischen dem Sein der Ideen und dem Apeiron, dem „Nichtseienden" auf der andern Seite: durch die Ideen kommt Gestalt und Form, Maß und Zahl in die Dinge und in ihr Werden selbst.

Aristoteles

Mit der ihm eigenen Gründlichkeit und Genauigkeit, in seiner Weise alle seine Vorgänger berücksichtigend, untersucht Aristoteles das Wesen von Raum, Zeit und Bewegung in seiner Physik, sowie in den anschliessenden Schriften über das Himmelsgewölbe und über Entstehen und Vergehen. Er geht dabei so vor, daß er zuerst das Unendliche (Unbegrenzte, das Apeiron) dann den Ort, das „Wo" der Dinge, hierauf das „Leere" behandelt, also die drei umstrittenen Begriffe, auf denen die bisherige Analyse des Raumes geführt hatte; ihnen reiht sich dann die Untersuchung der Zeit an. Die Frage, die aufgeworfen wird und beantwortet werden soll, ist die nach dem Wesen, der Natur und nach der Existenz, der Seinsweise jener Dinge. Um jedoch die Art, wie A. diese Fragen beantwortet, zu verstehen, bedarf es eines kurzen Blickes auf die metaphysischen Grundbegriffe, mit denen er arbeitet.

Im Gegensatz zu Platos Dualismus zwischen ewiger Ideenwelt und werdender Welt der körperlichen Einzeldinge (deren Mutterschoß gleichsam dann der leere Raum wurde) kennt A. nur eine wirkliche Welt: die der einzelnen individuellen Dinge; sie sind der letzte eigentliche Gegenstand, den wir erkennen wollen, sie sind das Substantielle. Nicht „der" Mensch, sondern nur der einzelne Mensch existiert als wirkliches Wesen, wenn ihm auch mit andern Menschen zusammen die allgemeine Wesenheit des „Menschseins" eingeprägt ist, die somit nicht außerhalb der zeitlichen Dinge eine ideelle ewige Existenz führt, sondern in den Einzeldingen ihr allgemeines Wesen, ihre begrifflich faßbare Wesenheit oder Form ausmacht. Der Substanz und ihrem Wesen aber steht gegenüber das, was dieser Substanz nur akzidentell zukommt, was nur als Akzidenz einer individuellen Substanz existiert: Das „Gebildetsein" des Menschen, die Weiße seiner Hautfarbe. Ferner: jedes wirkliche Ding setzt sich aus zwei Faktoren zusammen, aus „Stoff" und „Form", es ist geformter, gestalteter Stoff, wie die Statue aus Erz, wie der sich selbst aus dem aufgenommenen Nahrungsstoff gestaltende lebende Körper geformte Materie ist. Beides — prägende Form und zu gestaltender Stoff können nur zusammen, nie für sich vorkommen: kein wirklicher Stoff, der nicht zugleich schon irgendeine Form hätte, keine wirkliche Form, die nicht an einem Stoff aktualisiert wäre;

aber derselbe Stoff kann verschiedene möglich e Formen annehmen, dieselbe Form in verschiedenen Stoffen sich realisieren, endlich kann jeder schon geformte Stoff die materielle Grundlage zu weiteren möglichen Formungen abgeben. Damit in einem bestimmten Stoff sich eine Form aktualisiere, bedarf es einer vierfachen Ursache: des Stoffes, in dem die Form sich aktualisiert, der Form selbst, die als Anlage in den Stoff eingesenkt sich entfaltet, der Bewegursache, die den Anstoß zu der Entwicklung gibt, endlich das in der Zukunft liegende Ziel des ganzen Entwicklungsprozesses. Alles Wirkliche ist ein in diesem Sinn Wirkendes: als aufnehmender Stoff, als sich gestaltende Form, als das Samenkorn in den Stoff senkender Beweger, als lenkendes Ziel. Endlich zeigen diese Ausführungen ein weiteres Begriffspaar, auf das wir ständig bei A. stoßen: den Gegensatz des Möglichen und Wirklichen, der Potenz und des Aktus. Alles Existierende existiert aktuell oder potentiell, als entwickelte oder als im Wirklichen eingeschlossene Potenz. Diese Begriffe: der Substanz und des Akzidenz, der Materie und Form, der vier in jedem Prozeß wirkenden Momente, der Potenz und des Aktus sind die metaphysischen Grundbegriffe, mit denen A. arbeitet. Sie setzt er auch als gültig voraus in seiner speziellen Untersuchung des Unendlichen, des Ortes, des Leeren und der Zeit.

„Es bietet aber die Betrachtung des Unendlichen eine Schwierigkeit dar, denn es ergibt sich viel Unmögliches, mag man nun annehmen, daß es existiere oder daß es nicht existiere“ — es sind offenbar die Zenonischen Antinomien, auf die A. in diesen Worten anspielt. Daß es in irgendeinem Sinn ein Unendliches gibt, zeigt die Anfangs- und Endlosigkeit der Zeitreihe, die unendliche Teilbarkeit des Räumlichen, von der die Mathematiker sprechen, die Unendlichkeit der Zahlenreihe. Aber welche Art von Wirklichkeit kommt dem Unendlichen zu? A. wendet sich zunächst dagegen, daß man dem Unendlichen Substantialität zuschreibe, von einer unendlichen existierenden Ursubstanz spreche, wie das der Naturphilosoph Anaximander tat. Es kann kein Unendliches schlechthin, sondern nur ein in bezug auf Größe oder Zahl, ein in diesem also akzidentell Unendliches geben. Ebenso kann keiner der uns bekannten sinnlich wahrnehmbaren Körper — die Luft, von der Anaximenes, das Wasser, von dem Thales es behauptete — unendlich sein, denn jeder bestimmte Körper hat sein Gegenteil, von dem er begrenzt wird, hat auch seine bestimmte Stelle, die ihm im Weltganzen zukommt. Es gibt weder das Unendliche selbst als Substanz, noch eine bestimmte

Substanz, zu deren Wesen die Unendlichkeit gehört. Diesen Gedanken ergänzt nun A. durch den weiteren: es gibt überhaupt kein aktuell, sondern nur ein potentiell Unendliches. Unendlich ist dasjenige, das ich unbegrenzt durch Hinzufügung zu vergrößern oder das ich unbegrenzt zu teilen vermag. Die unbegrenzt vermehrbare Zahlenreihe, das unbegrenzt teilbare Kontinuum ist unendlich.

Gerade bezüglich des letzteren, des räumlichen Kontinuums aber betont A. ausdrücklich, daß es hier nur ein unbegrenzt Teilbares, nicht ein unbegrenzt Vergrößerbares gibt. Der Vergrößerung ist hier eine letzte Grenze durch die feste Schale des Himmelsgewölbes gesetzt: Die Welt als Ganzes ist ein Wirkliches und damit Festes, Endgültiges, Gestaltetes und Umschlossenes, also kein Apeiron. Nicht der Form und dem Geformten, Umschlossenen, sondern nur dem noch zu Umschließenden oder zu Formenden, dem bloßen, Möglichkeiten in sich bergenden Stoff kann Unendlichkeit zukommen, nur innerhalb der allen Stoff in sich fassenden Weltkugel mit ihrer Peripherie, dem Fixsternhimmel, und ihrem Mittelpunkt, der Erde, gibt es jenen unbegrenzten Fortgang, der uns zu einem „Unendlichen" führt.

Wir schreiben jedem Körper einen „Ort" zu, an dem er sich befindet, einen Raum, den er erfüllt und da „derselbe" Ort nacheinander von verschiedenen Körpern eingenommen werden kann, scheint es, daß wir den Ort als etwas von dem ihn erfüllenden Körper Unabhängiges, Wirkliches betrachten. Dann aber ergibt sich die Frage: was ist dieser Raum oder Ort? Es drängt sich hier zugleich der Gedanke des „Leeren“ auf, das die Atomiker annehmen, das heißt also eines grenzenlosen leeren Gefäßes gleichsam, in dem alle Dinge sich befinden. Andrerseits: Nehmen wir diesen Raum an, in dem alle Körper sind, so stellt sich wieder die Frage Zenos ein, wenn alles „irgendwo“ ist, so auch der Raum selbst, also ist der Raum selbst in einem Raum und so fort in infinitum. Sehen wir zunächst vom „Leeren“ ab: was kann der „Ort“ sein, den ein Körper einnimmt? Er kann nicht selbst ein Körper sein, denn sonst wären zwei Körper an demselben Ort, was eine offenbare Unmöglichkeit ist, er kann aber auch nichts schlechthin Unkörperliches sein, da ihm Ausdehnung zukommt. Kann der „Ort“ etwas Wirkliches sein, so muß er auch ein Wirkendes sein. Aber der Ort des Körpers ist nicht ein gestaltendes, wirkendes Prinzip, das dem Körper Form und Gestalt gibt, er kann aber auch nicht als Stoff gefaßt werden, der geformt und gestaltet wird. Weder als gestaltloser Stoff, noch als gestaltende Form, noch als ausgedehntes Ding neben und mit dem den Ort erfüllenden ausgedehnten Dinge kann der Raum gefaßt werden, also gibt es keinen Raum oder Ort als wirklichen oder wirkenden Faktor außer dem Ding oder den Dingen, die Orte einnehmen. So bleibt schließlich nichts andres übrig, als daß der Ort des Dinges nichts von ihm selbst Trennbares, sondern eben seine es selbst einschließende Begrenzung ist. Insofern aber jeder Körper selbst wieder von einem andren, größeren umschlossen oder umgrenzt wird, kommt ihm oder seinem Ort selbst wieder ein Ort zu: Der Ort eines Menschen ist das Schiff, auf dem er gerade fährt, das ihn als Körper umgibt, der Ort des Schiffes der Fluß, auf dem es dahinfährt. Der Ort eines Körpers also ist die Beziehung, in der er als eingeschlossener zu einem bestimmten umschließenden Körper steht. Freilich ist diese Bestimmung offenbar nur soweit anwendbar, als es eben umschließende Körper gibt, der letzte umschließende Körper aber ist das Himmelsgewölbe, der Fixsternhimmel. Er selbst ist also nicht mehr „irgendwo", bei ihm hat es keinen Sinn mehr, nach seinem Ort zu fragen, während die Bestimmung eines Körpers in bezug auf den ihn einschließenden Teil des Himmels – ob er sich „oben", das heißt an der Peripherie, oder „unten", das heißt im Mittelpunkt, oder zwischen beiden sich befindet – die letzte, absolute Ortsbestimmung darstellt. Damit löst sich zugleich das erwähnte Zenonische Argument: das scheinbar zu einem unendlichen Regreß führende Prinzip, daß alles Wirkliche irgendwo sein müsse, findet eben am Himmelsgewölbe seine Grenze.

Gibt es ein „Leeres“? Die Frage, fügt A. ausdrücklich hinzu, wird natürlich nicht entschieden durch die bekannten Experimente, die dartun, daß ein mit Luft gefülltes Gefäß nicht leer, sondern die dasselbe erfüllende Luft ein Körper ist. Nicht durch Experimente, sondern nur durch Beweis und Überlegung kann entschieden werden, ob es eine von den Körpern verschiedene, trennbare, aktuell existierende Ausdehnung gibt, die die einzelnen Körper auseinander hält, die Körperwelt also diskontinuierlich macht und schließlich die Körperwelt auch außerhalb der Grenzen des Himmelsgewölbes umgibt. Begründet pflegt nun die angebliche Notwendigkeit des leeren Raumes vor allem durch die Bewegung und durch Verdichtung und Verdünnung zu werden: Beides sei ohne leeren Raum nicht denkbar, denn es kann keine Ortsveränderung stattfinden, wenn die Orte des Raumes alle gleichmäßig erfüllt sind und Verdichtung oder Verdünnung fordert das sich Einschieben oder Verschwinden leerer Zwischenräume zwischen den Teilen des lokkerer und fester werdenden Körpers. A. lehnt diese Beweisführung ab: Bewegung ist auch ohne leeren Raum dadurch möglich, daß sich die Körper gegenseitig ausweichen und Platz machen (so wie das unaufhörliche Neuentstehen der Elemente nicht ein unerschöpfliches Apeiron notwendig voraussetzt, aus dem sie entstehen, sondern sich aus dem wechselseitigen Werden und Entstehen der Elemente auseinander erklären läßt): ausdrücklich macht hier A. wie später Descartes auf die Wirbelbewegungen im Wasser aufmerksam als Beispiel. Was aber Verdichtung und Verdünnung anlangt, so ist sie auf das sich Einfügen der einen zwischen die Teile der andern Körper zurückzuführen. Auf der andern Seite sucht nun A. gerade umgekehrt darzutun, daß in einem leeren Raume Bewegung unmöglich oder unerklärlich wäre. Alle Bewegung hat eine Richtung, die ausgezeichneten Grundrichtungen der Bewegung sind oben und unten — die Bewegungsrichtung des leichten, feurigen und des schweren, festen Körpers; im leeren Raum aber gibt es keine Richtungen, kein Oben und Unten, das erst durch den Gegensatz der Peripherie und des Mittelpunkts des Himmelsgewölbes sinnvoll wird. Das Leere könnte weder Form noch Stoff (die vom geformten Ding nicht real getrennt werden können, während das Leere doch eine von dem ihn erfüllenden Körper trennbare wirkliche Ausdehnung sein sollte), so auch nicht bewegende Ursache sein, im Leeren könnte es nur durch Druck und Stoß sich übertragende gewaltsame Bewegungen geben, solche gewaltsamen aber setzen die natürlichen Bewegungen der nach unten und oben strebenden schweren und leichten Körper voraus. Endlich hängt die Schnelligkeit und Langsamkeit des sich (geradlinig) bewegenden Körpers sowie die Zeit, nach der er von selbst zur Ruhe kommt, von der Natur des Mediums ab, durch das er sich bewegt, von seiner leichteren oder schwereren Zerteilbarkeit. Darum müßte im leeren Raum jede Bewegung ewig und zugleich unendlich schnell sein – eine für A. wiederum absurde Konsequenz.

Ausführlich legt A. die eigentümlichen Schwierigkeiten dar, in die wir geraten, wenn wir nach der Existenzweise der Zeit fragen. Die unbegrenzte Zeit im ganzen wie jeder einzelne Zeitteil ist aus Vergangenem, das nicht mehr und aus Zukünftigem, das noch nicht existiert, also aus Nichtseiendem zusammengesetzt; betrachten wir die Zeit im ganzen, so sind alle Teile derselben bis auf das „Jetzt", das uns selbst nur als eine Grenze zwischen Vergangenheit und Zukunft erscheint, entweder gewesen oder zukünftig: wie kann aber sein, was aus lauter Nichtseiendem zusammengesetzt ist? Das „Jetzt" selbst ferner, das wir als seienden Zeitmoment herausgreifen, ist kein Beharrendes, sondern ein in jedem Augenblick Wechselndes. Jeder Zeitmoment ist ein „Jetzt" und insofern mit jedem andern identisch, aber jedes Jetzt ist doch wieder von jedem andern Jetzt verschieden, sonst würde ja die ganze Zeit in einem Moment zusammenfallen. Was ist die Zeit? Man hat sie mit der Bewegung (das Wort im weiteren Sinn der Veränderung überhaupt genommen) identifiziert, daran ist richtig, daß bei Aufhebung jeder Veränderung überhaupt auch die Zeit aufgehoben ist: vom Wesen der Zeit ist Veränderung, Fließen, Werden unabtrennbar. Ausdrücklich hebt A. hervor, daß, wenn wir keine äußere Bewegung wahrnehmen, wir wenigstens eine Veränderung in unserer Seele erleben müssen, um ein Zeitbewußtsein zu haben. Alles, dem seiner Natur nach Bewegung und Ruhe, wirkliche und mögliche Bewegung schlechthin fremd sind, ist daher auch schlechterdings zeitlos, so die mathematischen Beziehungen. Andrerseits kann es nicht richtig sein, Bewegung und Zeit einander gleich zu setzen, denn jede Bewegung hat eine bestimmte, wechselnde Geschwindigkeit, die wir messen, indem wir verschiedene Bewegungen mit der Zeit vergleichen, die sie brauchen, die Zeit selbst aber hat keine bestimmte Geschwindigkeit. Zeit und Bewegung sind also nicht dasselbe, sondern die Zeit muß etwas an der Bewegung sein. Zu jeder Bewegung gehört nun ein Gegenstand, der eine Reihe von Zuständen oder von Orten durchläuft. Fassen wir nun lediglich diese Zustände oder Orte in ihrer bestimmten Reihenfolge, in ihrem Früher und Später auf, *zählen* wir sie, indem wir jeden für sich faßbaren Ort als Einheit setzen, so haben wir das Bewußtsein der Zeit und jeder für sich gefaßte Moment wird zum „Jetzt". Wie der Raum, den der bewegte Körper durchläuft, wie die ihn durchlaufende Bewegung, so ist dabei auch die Zeit *kontinuierlich*, die Einheiten, in die wir sie zerlegen, entstehen erst durch das zählende Abgrenzen, das die früheren und späteren „Jetzt" voneinander trennt. So kommt A. zu seiner Definition, die Zeit sei die „*Zahl der Bewegung in bezug auf das Früher und Später*" derselben. Die Kontinuität der Zeit, die aus ihr sich ergebende unendliche Teilbarkeit, die der Zeit ebenso wie dem Raum eignet, sowie der uns bekannte Gedanke, daß die Teile der Linie wie der Zeit nicht aktuell, sondern nur potentiell existieren, daß Teilbarkeit nicht ein aktuelles Zusammengesetztsein aus Teilen ist, dient A. in leicht verständlicher Weise dazu, die Zenonischen Aporieen aufzulösen.

Eine interessante Frage noch wirft A. im Anschluß an seine Zeitdefinition auf: Zahlen gibt es nur, sofern es ein Zählendes gibt, zählen kann nur das Denken. Wenn nun die Zeit eine „Zahl“ ist, so kann man folgern, daß die Zeit nur in einem denkenden Geist existieren kann. Das Früher und Später, lautet A'. Antwort, ist in der Bewegung selbst, zur „Zeit“ wird dies Früher und Später freilich erst durch die zählende Betrachtung. — Der Gedanke, daß gerade die Zeit in engerer Beziehung zur Seele, zum seelischen Geschehen und zum Denken steht, taucht hier flüchtig auf, findet aber erst später — im Neuplatonismus und bei Augustin — seine ausdrückliche Vertretung. —

Können wir den „Ort“ von dem Körper trennen, der ihn einnimmt? Von der Beantwortung dieser Frage ist für A. wesentlich auch die Möglichkeit eines Leeren zwischen den Dingen und eines die Körperwelt als geschlossenes Ganzes noch umgebenden grenzenlos ausgedehnten Mediums abhängig. Da die individuellen Körper das Seïende, die Substanz sind, diese Substanzen aber das einzig aktuell und selbständig Existierende, so kann der Ort, den wir vom Körper unterscheiden, jedenfalls nichts aktuell und substantiell vor und außer den Körpern Existierendes sein. Dem Ergebnis dieser Überlegung sucht A. zu entsprechen, indem er den Ort zur Beziehung des eingeschlossenen zu dem ihn umschließenden Körper macht. Und ähnlich liegt die Frage, die sich in bezug auf Zeit und Bewegung auftut.

Nicht viel Neues und Eigenes gegenüber den Aristotelischen Bestimmungen bringen uns die spärlichen Bemerkungen, die uns aus der stoischen Philosophie über das Wesen des Raumes übermittelt werden. Der (freilich pantheistisch, nicht wie bei Epikur atheistisch gefärbte) Materialismus, den die Stoiker vertreten, der Grundsatz, daß alles Wirkliche körperlich sei, führt sie selbstverständlich gleichfalls dazu, einen von den Dingen abtrennbaren unkörperlichen Raum als selbständig Wirkliches abzulehnen, während die den Demokritismus erneuernde Lehre Epikurs zum leeren Raum und den in ihm sich bewegenden Atomen zurückkehrt. In scharfsinniger und erschöpfender Weise faßt dann die spätere Skepsis (Sextus Empiricus) noch einmal die Schwierigkeiten zusammen, die sich an die Begriffe des Raumes und der Zeit knüpfen. Namentlich ist es der Begriff der Grenze, dessen Problematik hervorgehoben wird. Gehört die Grenze dem umschliessenden oder dem umschlossenen Körper oder beiden an oder ist sie etwas zwischen beiden? Wie wir die Sache auch fassen mögen, wir geraten stets in logische Schwierigkeiten. Das Problem, das im Begriff der Grenze liegt, überträgt sich auf den der Berührung, damit auch auf den der Härte oder des Widerstandes, durch den der physikalisch-reale vom mathematischen Körper unterschieden werden sollte.. Und in derselben Richtung liegen im Grunde die Einwände, die gegen die geometrische Verwendung der Begriffe des Punktes, der Linie und Fläche erhoben werden: durch die Bewegung eines Punktes soll die Linie entstehen, danach müßte der Punkt vor der Linie, die Linie vor der Fläche usw. existieren, anderseits ist der Punkt doch nur denkbar als Grenz- oder Endpunkt der Linie, die Fläche als Grenzfläche des Körpers. Der ganzen Tendenz ihres Philosophierens entsprechend lösen die Skeptiker diese Schwierigkeiten nicht auf, sondern sie begnügen sich damit, sie als Probleme hinzustellen.

Der Neuplatonismus (Plotin)

In den bisher betrachteten Perioden der antiken Philosophie richtet sich das Interesse der Denker sehr viel mehr auf den Raum, als auf die Zeit. Das wird in der Spätantike anders: jetzt erscheint vor allem die Zeit als das seltsame, besondre Rätsel in sich bergende Gebilde. Bei dem zitierten Skeptiker Sextus Empiricus, dessen Werke uns erhalten sind, heißt es: Nach dem, was uns scheint zu urteilen, scheint die Zeit etwas zu sein, halten wir uns aber an das, was man über sie sagt (das heißt vergleichen wir die verschiedenen von den Philosophen über das Wesen der Zeit aufgestellten Behauptungen miteinander), so erscheint sie als nicht bestehend; Plotinos, der Neuplatoniker, der letzte große originelle Systematiker des heidnischen Altertums, beginnt die Abhandlung, die speziell der Frage nach dem Wesen von Zeit und Ewigkeit gewidmet ist, mit der Bemerkung: wir glauben, wenn wir von Ewigkeit und Zeit sprechen, eine unmittelbare, gleichsam durch wiederholte Tätigkeit unseres Denkens deutlich gewordene Vorstellung von ihnen in unserer Seele zu haben, deren wir uns, so oft von ihnen die Rede ist, durchgängig bedienen. Versuchen wir aber diese Begriffe zu fixieren und gleichsam näher an sie heranzutreten, so werden wir schwankend. Und in klassisch gewordener Form drückt sich **Augustinus** aus: Was ist die Zeit? Solange du mich nicht fragst, glaube ich es zu wissen. Wenn du mich aber fragst, weiß ich es nicht mehr.

Wenden wir uns etwas genauer zu Plotins erwähnter Abhandlung. (III. Enneade, 7. Buch.) Ihr Ausgangspunkt liegt in den früher erwähnten kurzen Ausführungen in Platos „Timaios" über Zeit und Ewigkeit, doch was in diesem naturphilosophischen Altersdialog Platos in Gleichnis- oder Mythosform angedeutet ist, wird bei Plotin mit begrifflicher Schärfe durchgearbeitet. Die Welt der Ideen und ihrer rein ideellen, gedanklichen Zusammenhänge ist die Welt der „Ewigkeit", die mit dem zeitlichen Werden und Vergehen, wie es den körperlichen Dingen eignet, nichts zu tun hat. Was ist nun die Ewigkeit? Wir dürfen sie zunächst nicht etwa mit irgend etwas anderem, mit der Ruhe der Unwandelbarkeit und Unzerstörbarkeit etwa identifizieren. Gewiß gehört es zum Wesen des Ewigen, auch ruhend und unwandelbar zu sein oder vielmehr sich nicht bewegen und verändern zu können, aber deshalb, weil eben Bewegung und Veränderung Zeitlichkeit voraussetzen, andrerseits gibt es auch im Zeitlichen ein Ruhen und unverändertes Beharren, das aber eben, weil es ein Beharren in der Zeit ist, von dem „Beharren“ des Ewigen wesensverschieden ist. Die Ideenwelt ist die Welt des Ewigen, aber weder ist „Ewigkeit“ und Ideenwelt schlechthin begrifflich identisch zu setzen (so wenig wie die Körperwelt mit der Zeit identisch ist) noch ist die Ewigkeit ein bloßes „Akzidens“ der Ideen, sondern sie ist Etwas, das wir erschauen, wenn wir unter möglichstem Absehen von dem einzelnen Inhalt der Ideen auf das Eigentümliche des S e i n s, des L e b e n s des Intelligiblen hinblicken: Ewigkeit ist die Seinsweise der Ideenwelt, dieser in sich geschlossenen, in strenger Identität ohne Unstimmigkeiten und Widersprüche verharrenden Totalität. Wenden wir uns von der Ewigkeit zur Zeit. P. spricht hier zunächst kritisch die üblichen Definitionen der Zeit durch. Die Zeit kann nicht mit der Bewegung identisch sein, denn abgesehen davon, daß es viele Bewegungen, aber nur eine Zeit gibt, ist Zeit nicht Bewegung, sondern jede Bewegung ist i n d e r Zeit. Die Zeit kann aber auch nicht die Ausdehnung und nicht das Maß der Bewegung sein. Nennt man die Zeit die Ausdehnung der Bewegung, so meint man dabei eine ganz bestimmte Ausdehnung, nämlich die Dauer, das heißt die zeitliche Ausdehnung, die Ausdehnung in der Zeit, die also wiederum hier nicht definiert, sondern vorausgesetzt wird. Nennt man die Zeit das Maß der Bewegung, so ist das, was hier gemessen wird, Geschwindigkeit oder Dauer der Bewegung, die Geschwindigkeit einer Bewegung aber messe ich, indem ich den Raum messe, den zwei bewegte Körper in der gleichen Zeit zurücklegen, also ist auch in der Geschwindigkeits- und ebenso in der Messung der Dauer einer Bewegung die Zeit als solche vorausgesetzt, und nicht umgekehrt setzt die Zeit eine Geschwindigkeitsmessung voraus.

Wie die Ewigkeit das Leben oder die Seinsweise der Ideen, so ist die Zeit das Leben oder die Seinsweise, nicht eine Eigenschaft oder ein Maß einer andern Welt, der Welt, in der die strenge Identität und Einheit durch die bloße ununterbrochene Kontinuität, die Totalität durch das sich Entfalten in unendlicher Reihe, die Vollendung durch das Streben nach Vollendung, kurz das Sein durch das Werden ersetzt wird. Die Zeit ist das Leben oder die Seinsweise des Werdenden. Das Sein der Idee ist Sein schlechtweg — Ewigkeit, das Sein des Werdenden ist gewesen-sein und zukünftiges sein, zwischen die die Gegenwart als bloßer Übergang sich einschiebt, insofern aber das Zukünftige wie das Vergangene ein Nichtsein in sich schließt, ist das Sein des Werdenden mit Nichtsein gleichsam gemischt. Diese reine fließende Kontinuität nun, das reine, auf die Ewigkeit gerichtete S t r e b e n stellt sich uns in der S e e l e dar. — der nächst niederen Stufe in der Abfolge der Wesenheiten nach der Welt der Ideen. Das innerste Wesen der Seele ist Wollen, Streben, Trieb und damit fortschreitendes sich Entfalten, sich einem Ziel — durch die ewig ruhende Welt der Ideen dargestellt — Entgegenbewegen: das Sein dieser strebenden Bewegung selbst aber läßt sich nur als Zeit vorstellig machen. So ist die Zeit das „L e b e n d e r S e e l e", welche in ihrer Bewegung von einer Manifestation des Lebens zur andern übergeht. Die Zeit ist das „Abbild" der Ewigkeit in demselben Sinne, in dem für den Platonismus die werdenden Dinge Abbilder der zugehörigen Ideen sind. Die Seele ist der organisierende Faktor, der den Körper baut, aus der Materie (dem Nichtseienden, dem Bestimmungslosen, dem nur Mannigfaltigen) schafft, dieser Körper ist und bewegt sich daher in der Zeit, sein Sein setzt die „Zeit", das heißt die schaffende Tätigkeit der Seele voraus. Das Sein der Ideen ist Sein schlechthin, Ewigkeit, das Sein der Seele ist Tätigkeit, Werden, also Zeit, das Sein der Körper ist Geschaffensein, also Getragensein durch die schaffende Tätigkeit, Gewordensein und wieder Aufhören in der Zeit.

Die Zeit wird in diesen metaphysisch-begrifflichen Gedankengängen (die später ihr Gegenstück bei Fichte, Schelling und Hegel finden) in enge Beziehung zur Seele gebracht; auf diesem Wege schreitet nun in eigenen psychologischen Überlegungen der Kirchenvater Augustinus in seiner Analyse der Zeit fort.

Augustinus

An der Stelle seiner Konfessionen, an der er sich mit dem Zeitproblem beschäftigt, geht A. aus von der Frage: was tat Gott, ehe er die Welt schuf? Was ging zeitlich der Weltschöpfung voran? Er lehnt die Frage als sinnlos ab: Zur Weltschöpfung gehört auch die Schöpfung der Zeit, also gibt es kein „vor“ der Weltschöpfung. Gott ist ewig, die Zeit aber ist nicht ewig, denn ihr Sein besteht gerade in einem beständigen Werden und Vergehen. Wenn nichts verginge, gäbe es keine Zeit, denn es gäbe keine Vergangenheit, wenn nichts würde, gäbe es wiederum keine Zeit, denn es gäbe keine Zukunft. Zukunft, Vergangenheit und Gegenwart aber gehören zur Zeit, ohne die beiden ersteren, ohne die Gegenwart als bloßen Übergang zwischen beiden würde die Zeit zur Ewigkeit.

Nun ergeben sich in bezug auf die „Existenz“ der Zeit die bekannten Widersprüche, auf die schon Aristoteles hingewiesen hatte, die die Skeptiker nicht müde geworden waren hervorzuheben. Die Gegenwart scheint streng genommen ein ausdehnungsloser Schnitt zwischen Vergangenheit und Zukunft, die Existenz der Zeit ist wesentlich die der Vergangenheit und Zukunft. Wie kann aber die Vergangenheit existieren, die doch nicht mehr, die Zukunft, die doch noch nicht ist? Und wie ist es möglich, daß wir über die Länge vergangener und künftiger Zeiten urteilen; wie kann etwas eine bestimmte Länge haben, was gar nicht ist, und wie können wir von dieser Länge etwas wissen, da wir doch eine vergangene, eine nicht gegenwärtig seiende Zeitstrecke nicht wahrnehmen, vergleichen und beurteilen können? Allein hier löst sich nun für A. das Problem durch den Rückblick auf eine schon vorher durchgeführte Betrachtung, die sich auf die Quellen unserer Erkenntnis bezog. Dort stellte er fest, daß Wahrnehmung zur Erkenntnis nicht genügt, wenn nicht das Wahrgenommene zugleich in der Erinnerung aufbewahrt wird. In der Wahrnehmung erfassen wir das Gegenwärtige, in der Erinnerung das Vergangene, in der Erwartung das Zukünftige. Das Gegenwärtige aber ist kein ausdehnungsloser Moment, ein solcher wäre gar nicht wahrnehmbar, sondern es ist das Vorübergehende, das Fließende. Alles Geschaute nun, alles Wahrgenommene im weitesten Sinne des Wortes ist ein dem wahrnehmenden Ich Gegenwärtiges, auch das Vergangene, das erinnert, und das Zukünftige, das erwartet wird. Insofern auch das Erinnern ein gegenwärtiges Schauen ist, wird das Vergangene in der Erinnerung vergegenwärtigt. Das Eigentümliche ist nur, daß es ein solches Vergegenwärtigen eines Vergangenen, ein Bewußtsein vom Nicht-mehr-seienden in jener eigentümlichen Form der Erinnerung, die uns zugleich anzeigt, daß das Vorgestellte eben ein Vergangenes ist, gibt. „Eigentlich kann man gar nicht sagen: es gibt drei Zeiten, die Vergangenheit, Gegenwart und Zukunft, genau würde man vielleicht sagen müssen: es gibt drei Zeiten, eine Gegenwart in Hinsicht auf die Gegenwart, eine Gegenwart in Hinsicht auf die Vergangenheit, eine Gegenwart in Hinsicht auf die Zukunft. Gegenwärtig ist hinsichtlich des Vergangenen die Erinnerung, hinsichtlich der Gegenwart die Anschauung und hinsichtlich der Zukunft die Erwartung. In unserem Geiste sind sie in dieser Dreizahl vorhanden." Mit anderen Worten, das Vergangene existiert, aber nur in Form der Erinnerung, also im Geist, im Bewußtsein, in der Seele. Heben wir die Seele auf, so haben wir die Zeit aufgehoben, denn es existiert dann nur noch, was im engsten Sinne des Wortes Gegenwart, ausdehnungsloser Zeitmoment ist. Die Zeit ist in der Seele — in jener dreifachen Form — wie die Ewigkeit in Gott ist. Nicht die Natur, nur Gott und die Seele sind für A.

die Gegenstände, nach deren Erkenntnis er einzig strebt. Gerade die Analyse des Zeitbegriffes dient ihm als Mittel, um zu zeigen, wie auch die Erkenntnis der Natur in der Seele erst ihren Abschluß findet.

Die Renaissance

Die Entwicklung der neueren Philosophie vollzieht sich in engem Zusammenhang mit der Entstehung der modernen Naturwissenschaft. Das Streben nach einer neuen direkten auf Beobachtung, Experiment und Berechnung gestützten Erkenntnis und Beherrschung der Natur ist das Leitmotiv der aus den Schranken mittelalterlich gebundener Schulwissenschaft sich losringenden Erkenntnis der Renaissance. Die Naturwissenschaft der Renaissance beginnt vor allem als Astronomie und Mechanik; Kopernikus und Galilei sind ihre Väter. Uns nun interessiert hier speziell die Umwandlung des Raum- und Zeitbegriffs, die in dieser neuen Astronomie und Mechanik eingeschlossen lag.

Kopernikus nimmt die Erde aus dem Mittelpunkt der Welt. Sie nimmt keine Sonderstellung mehr ein als Zentrum und Schwerpunkt eines geschlossenen Universums, sie wird zu einem Stern unter Sternen, der mit den anderen Planeten die gleiche Bahn um die Sonne verfolgt. Fügen wir gleich eine der Hauptleistungen Galileis hinzu: die Aufstellung des allgemeinen Trägheitsprinzips als obersten Bewegungsgesetzes: Jeder Körper beharrt in seinem Zustand der Ruhe oder der gleichförmig-geradlinigen Bewegung, solange nicht äußere Kräfte auf ihn wirken. Jener kopernikanische und dieser galileische Gedanke zerstören in ihrer Konsequenz die Grundlagen des Aristoteles-Scholastischen Natursystems. Für Aristoteles ist die Natur ein Inbegriff, ein stufenartig aufgebautes System „substanzialer Formen", das heißt begrifflich verschiedener Wesenheiten, deren Begriffe aufzustellen und ordnungsmäßig zu klassifizieren eben die Aufgabe der Physik ist. Es gibt die begrifflich entgegengesetzten Qualitäten des Leichten und Schweren, Festen und Flüssigen, Warmen und Kalten, die durch jene Qualitäten zu charakterisierenden Gegensätze der Elemente (Feuer, Luft, Wasser, Erde), die begrifflichen Gegensätze der die geradlinigen und der Kreisbewegung, ferner der natürlichen und der gewaltsamen Bewegung; der astronomischen Welt mit ihren in ewiger Kreisbewegung befindlichen Gestirnen und der terrestrischen Welt mit ihren geradlinigen Bewegungen, die nach einiger Zeit von selbst zur Ruhe kommen. An die Stelle dieser auf Begriffe und begriffliche Unterscheidungen ausgehenden Naturauffassung tritt in der modernen Naturwissenschaft der Gedanke der einen überall von denselben

Gesetzen beherrschten Natur. Es gibt keine begrifflich verschiedene himmlische (astronomische) und irdische Welt, denn die Erde ist selbst ein Himmelskörper, es gibt keine geradlinigen Bewegungen, die von selbst aufhören, keine kreisförmigen, die ihrer Natur nach ewig sind, wie das Trägheitsgesetz zeigt, keine Schwere und Leichtigkeit der Körper als Ursache ihrer „natürlichen" Bewegungen, denn alle Körper, die an der Oberfläche einer größeren Masse sich befinden, fallen und fallen gleich schnell.

Durch die Stellung der Erde im Mittelpunkt der Welt, durch den Gegensatz der himmlischen und irdischen Bewegungen ist der Aristotelische Begriff des Raumes bedingt, des Raumes, in dem es ein absolutes „Oben" und „Unten" (Peripherie und Mittelpunkt) gibt und demgemäß feste absolute Bewegungsrichtungen. Das fällt nun fort: Der Raum wird ein überall gleichartiges Stellensystem ohne ausgezeichnete Punkte oder Richtungen. Erst ganz allmählich freilich fällt die dem ganzen Altertum geläufige Vorstellung des Fixsternhimmels als einer festen, das Universum abschließenden Schale (umstritten war im Altertum nur die Frage, ob es nur ein solch geschlossenes Universum gäbe, wie Aristoteles, oder eine Vielheit, wie Demokrit meinte). Erst der italienische Naturphilosoph Giordano Bruno, der begeisterte Prophet des kopernikanischen Systems, erklärt die Fixsterne für Sonnen, die, von Planeten wie unsere Sonne begleitet, durch den Raum verstreut sind, der damit zum unendlichen und grenzenlosen, einen ebenso unendlichen Kosmos in sich schließenden Raum wird.

Als ein solches unendliches gleichartiges Stellensystem wird der Raum etwas, das den Dingen, den Körpern, als Bedingung ihrer Existenz vorausgeht, während bei Aristoteles der mit dem „Ort" der Dinge identifizierte Raum durch die Begrenzung der Dinge gegeneinander entstand, die ihrerseits wieder durch die abschließende Begrenzung des Universums im Fixsternhimmel, den Mittelpunkt desselben in der Erde und die Schwere und Leichtigkeit als letzte Qualitäten der Elemente zu einer absoluten Ortsbestimmung führte. Der „Raum" ist also für Aristoteles als „Ort" abhängig in seiner Existenz von den Dingen, trotzdem gibt es für ihn eine absolute Ortsbestimmung, ein absolutes „Oben" und „Unten", und entsprechend eine absolute Bewegegung. In dem neuen Raumbegriff wird gerade umgekehrt der Raum zu einem unabhängig von den Dingen existierenden unendlichen Gefäß gleichsam, aber da alle Orter im Raum gleichwertig und ununterscheidbar sind, werden alle Ortsbestimmungen relativ, nur durch seine Beziehung auf einen anderen ist die Lage eines Körpers bestimmbar, also schließlich nur durch Einführung eines beliebig gewählten Koordinatensystems, wie es die analytische Geometrie verwendet. Lassen wir diese Relativität der Ortsbestimmung und die daraus folgende der Bewegung noch beiseite, so nähert man sich mit dem ersten Punkt im Gegensatz zu Aristoteles der Theorie Demokrits und auch des Platonischen Timaios, für die das „Leere" den körperlichen Dingen voraufgeht oder als besonderes Medium neben ihnen steht. Damit entsteht nun aber für die philosophische Betrachtung wieder wie damals die schwierige Frage, was denn nun dieser Raum eigentlich ist, welche Seinsweise ihm zukommt – diese Schwierigkeit, die bei Plato und Demokrit, bei dem Idealisten wie bei dem Materialisten, sich darin äußert, daß der Raum das „Nichtseiende" im Gegensatz zum „Sein" der Körper genannt wird und doch diesem Nichtseienden ein irgendwie geartetes Sein zugesprochen werden muß.

Einer der ersten Renaissancephilosophen, der von der Lehre des Kopernikus entscheidende Anregungen empfing, die neue Weltansicht aber zugleich in eine Metaphysik hineinzuarbeiten suchte, die selbstverständlich noch mit den überkommenen Begriffen der antiken Philosophie arbeitete, war der italienische Naturphilosoph Bernardino Telesio

(1508—1588). Er betont nachdrücklich die Verschiedenheit und Unabhängigkeit des in sich gleichförmigen Raumes, der in unwandelbarer Identität den wechselnden Dingen und Gestalten, die er in sich aufnimmt, gegenüber verharrt. Ebenso ist die Zeit nicht eine Eigenschaft der Bewegung, sondern ein „durch sich Existierendes"; in der Zeit folgen die Vorgänge aufeinander, aber wenn wir sie aufgehoben denken, so haben wir damit den gleichmäßigen Fluß der Zeit selbst nicht aufgehoben. In gleicher Richtung, nur noch schärfer und eingehender bewegt sich das Denken Francesco Patrizzis (1529—1597). Der Raum als unendliche ruhende Ausdehnung, in der alles Wirkliche ist und bei deren Aufhebung die Körper selbst mit aufgehoben sind, geht allen Naturdingen ebenso vorher, wie die Erkenntnis des Raumes, die Geometrie, der physikalischen Erkenntnis vorhergehen muß. Was ist nun der Raum selbst seiner Wesenheit nach? Ist er eine Substanz, so müßte er eine körperliche oder unkörperliche Substanz sein: körperlich kann er nicht sein, da er nicht wie die wirklichen Körper undurchdringlich ist, Widerstand leistet, unkörperlich (geistig) nicht, da er ja ausgedehnt ist. Eine Eigenschaft der Substanzen, ihre Größe ist er auch nicht: er ist vielmehr selbst die Quelle und der Ursprung aller Größe, das wodurch die Körper Größe besitzen. Er ist endlich weder ein (aus Stoff und Form bestehendes) Individuum, ein individuelles Ding, noch ein Gattungsbegriff, der sich in Unterbegriffe zerlegen ließe. Er läßt sich also in keine der üblichen Kategorien fassen, er ist ein „unkörperlicher Körper und körperlicher Nichtkörper". Die übrig bleibende Frage aber, wie es nun ein solches seltsames Gebilde geben kann, die Aufgabe, es in das System der metaphysischen Wesenheiten einzugliedern, löst P. in dem Rahmen seines n e u p l a t o n i s c h e n Denkens. Der Neuplatonismus, dessen Begründer Plotin wir schon kennen lernten, sucht die Welt als eine Abfolge von Stufen zu begreifen, die von der Gottheit, dem absoluten Sein, in einheitlicher Richtung bis zum Nichts führen. Das Eine oder Absolute, der ewige Geist und die in ihm beschlossene Ideenwelt, die Seele (deren Sein das zeitliche Werden erzeugt), die in der Zeit entstehenden und vergehenden Dinge, die nicht-seiende bestimmungslose Materie sind bei Plotin diese Stufen. P. sieht im Raum jene Stufe in dieser Entwicklungsreihe, jene „Emanation" des göttlichen Einen, die der Entstehung der eigentlichen dinglichen Körperwelt vorhergeht. Der unendliche Raum, dessen Begriff sich wesentlich mit unter dem Einfluß der beginnenden Naturwissenschaft bildet, wird so zugleich zum Gegenstand metaphysischer Spekulation. –

Im Sinn der Galileischen Mechanik liegt es nicht mehr, die Bewegungen der Körper ihrer substantialen Form oder ihrer begrifflichen U r s a c h e nach zu betrachten und einzuteilen (geradlinige und von selbst aufhörende Bewegungen terrestrischer, ewige und kreisförmige Bewegungen himmlischer Körper, nach unten gerichtete Bewegungen schwerer, nach oben gerichtete leichter Körper), sondern das allgemeine G e s e t z zu finden, das, auf a l l e Bewegungen gleichmäßig anwendbar, jede in ihrer Eigenart und Verschiedenheit zu beschreiben gestattet (er wolle nicht wissen, warum, sondern wie die Körper fallen, charakterisierte G. die Absicht seiner Untersuchung der Fallbewegung gegenüber der Aristotelischen Physik). Richtung und Geschwindigkeit nun sind die beiden Bestimmungsstücke jeder Bewegung, die sich jedoch beide nur noch relativ, in bezug auf ein als ruhend angenommenes Koordinatensystem bestimmen lassen. Eben deshalb aber können wir nun, die Zerlegung der Bewegungen in Komponenten vorausgesetzt, beide Bestimmungsstücke unter einen Begriff fassen: jede Bewegung ist eindeutig bestimmt durch die Geschwindigkeit in bezug auf die drei Achsen eines gegebenen Koordinatensystems. Hier aber entstehen nun besondere Schwierigkeiten, sobald wir uns nicht auf geradlinig-gleichförmige Bewegungen beschränken, sondern Bewegungen wechselnder Richtung und Geschwindigkeit, wie etwa die gleichmäßig beschleunigte Fallbewegung oder die parabolische Bewegung ins Auge fassen, die Galilei bekanntlich besonders untersucht. Hier handelt es sich darum, die Geschwindigkeit, das Verhältnis von Raum und Zeit in der Bewegung eines Körpers im einzelnen Punkt seiner Bahn zu bestimmen, eine Aufgabe, die unmittelbar zu infinitesimaler Betrachtung, zur Einführung des Unendlich-Kleinen in die Rechnung führt. In der Archimedischen Exhaustionsmethode hatte man sich des Unendlich-Kleinen bedient, um aus dem Inhalt des eingeschriebenen Polygons mit wachsender Seitenzahl den des Kreises zu berechnen, jetzt gewinnt die infinitesimale Betrachtung nicht mehr nur geometrische, sondern eminent physikalische Bedeutung. Geometrie und Physik nähern sich überhaupt in charakteristischer Weise, am deutlichsten zeigt sich das vielleicht an dem berühmten Tangentenproblem, dem Problem, für jede Kurve in einem beliebigen ihrer Punkte die Tangente zu konstruieren, die die Richtung des in der Kurve sich bewegenden Körpers an jenem Punkte anzeigt: die Behandlung dieses Problems ist ein Hauptausgangspunkt für die Entdeckung der allgemeinen Methode der Differentialrechnung geworden. Zugleich müssen wir hier einen kurzen Blick auf die Entwicklung der

Geometrie selbst seit der Renaissance werfen. Es wurde schon betont, daß die wissenschaftliche Betrachtungsweise der Griechen überhaupt auf begriffliche Scheidungen ausgeht, sie geht von der Voraussetzung aus, daß es überall letzte begriffliche Unterschiede gibt. Das zeigt sich auch in der Geometrie: die geometrische Untersuchung der Alten haftet an der einzelnen anschaulichen Figur mit ihrer festen Begrenzung und ihrer bestimmten Gestalt, sie kommt nicht (wenigstens nicht allgemein und methodisch) dazu, durch das Übergehenlassen der einen Figur in die andre allgemeine Begriffe zu schaffen, als deren Spezialfälle die einzelnen anschaulich geschiedenen Figuren angesehen werden können. Das wird anders vor allem mit der allgemeinen Einführung der Rechnung in die Geometrie, mit der analytischen Geometrie Fermats und Descartes. Für Aristoteles sind Ruhe und Bewegung begriffliche Gegensätze, für Galilei wird die Ruhe der Grenzfall der Bewegung, für die antike Geometrie sind Kreis, Ellipse, Parabel verschiedene Figuren, die jede eine neue geometrische Behandlung verlangen, in der analytischen Geometrie wird es möglich, ihre Eigenschaften als Spezialfälle aus der allgemeinen Formel des Kegelschnitts abzuleiten. Freilich: die bestimmt begrenzten Figuren, mit denen die antiken Geometer arbeiten, sind anschaulich, der allgemeine Kegelschnitt ist nicht anschaulich, sondern nur in einer mathematischen Formel denkbar; ebenso ist im Grunde auch das geschlossene kugelförmige Universum des Aristoteles noch anschaulich vorstellbar, der unendliche Raum der neueren Physik nicht mehr, sondern wiederum nur in einer Formel darstellbar. Der neue Raumbegriff findet sein Analogon in der neueren Geometrie. Mit Notwendigkeit führt ferner die analytische Geometrie, wie man leicht sieht, zur Grenzbetrachtung und damit wiederum zur Rechnung mit dem unendlich Kleinen, die so von verschiedenen Seiten her zur Geltung kommt.

Die Fortsetzung und Erweiterung der Inhalts- und Umfangsberechnung krummlinig begrenzter Flächen mit Hilfe des Grenzübergangs zum unendlich Kleinen, wie sie Archimedes übte, finden wir zunächst bei Kepler (1571–1630), der den Kreis als Summe unendlich vieler Dreiecke, deren Spitzen im Mittelpunkt zusammentreffen, während ihre Grundlinien den Kreisumfang ausmachen, betrachtet. Ihm folgt B. Cavaleri (1598 bis 1647), der die Flächen durch Linien, die Körper durch Ebenen in Schichten teilt und die Summen dieser Linien bzw. Ebenen zu bestimmen sucht, während ähnlich Roberval (1602–1675) die Flächen als eine Anhäufung unendlich schmaler Rechtecke und die Körper ebenso aus unendlich kleinen Prismen zusammensetzt: Beide üben also in gewisser Weise schon das Verfahren der Integration. Der zuletzt Genannte sucht ferner ein als gerade zu betrachtendes und mit der Tangente zusammenfallendes unendlich kleines Kurvenstück als Resultante zweier Seitenkräfte, die der Natur der Kurve entsprechen, zu berechnen, er und noch mehr F e r m a t (1590—1663) wird auf diesem Wege bereits zur Methode des Differenzierens geführt. W a l l i s (1616—1703) verbindet Cavaleris Betrachtungsweise mit der analytischen Geometrie Descartes. Newton und Leibniz endlich vollenden, jeder in seiner Weise, das Verfahren zu einer allgemein und überall nach bestimmten Regeln anwendbaren Rechnungsmethode.

G a l i l e i ist sich über die Paradoxien und Schwierigkeiten, die in der Annahme des Unendlich-Kleinen liegen, vollständig klar, er entwickelt sie in einer Form, die ihn bis an die Grenze der Überlegungen führte, aus denen die moderne Mengenlehre entsprungen ist. Jeder Quadratzahl läßt sich eine natürliche Zahl zuordnen, die Reihe der Quadratzahlen ist also ebenso unendlich, „ebenso groß" wie die der natürlichen Zahlen, trotzdem ist die Summe der Quadratzahlen ein Teil der Summe der natürlichen Zahlen, also „kleiner" als dieselbe; ebenso steht es mit den unendlich vielen Punkten einer kleineren und größeren Strecke. Galilei schließt daraus, daß die Begriffe des Größer, Kleiner und der Gleichheit nicht unverändert auf das Unendliche, wie auf das Endliche angewandt werden dürfen. Das hindert ihn nicht, mit Nachdruck das Vorhandensein des Unendlich-Kleinen zu behaupten und sich auch gegen die Aristotelische Scheidung des „aktuell" und „potentiell" Unendlich-Kleinen zu wenden. Das Stetige, die Linie etwa, muß aus unendlich vielen unteilbaren Elementen bestehen, denn die Teilung ist endlos, eine endlos mögliche Teilung aber setzt das Dasein unendlich vieler Teile, die dann ihrerseits unteilbar sein müssen, voraus. Die Linie muß letzte Komponenten haben, die aber durch tatsächliche Teilung nicht zu erreichen sind.

Den Gedanken, daß alles Wirkliche, die körperlichen Dinge, aber auch die mathematischen Figuren, aus letzten einfachen und unteilbaren Elementen zusammengesetzt sein müsse, finden wir mit besonderem Nachdruck auch bei dem Philosophen Giordano Bruno ausgesprochen, dem Vorkämpfer der Idee der unendlichen Ausdehnung des Raumes. Der Idee des Unendlichen entspricht die des Einfachen, dem Minimum, der Monade, wie überhaupt der Gedanke der Einheit und der Unendlichkeit die Pole seines Systems sind. Diese Minima, diese Punkte, aus denen alles sich zusammensetzt, aber unterscheidet er scharf von den bloßen Grenzpunkten, sie sind nicht ausdehnungslos wie diese, sondern haben Form und Gestalt, troß ihrer Unteilbarkeit und Einheit, die sie zu den eigentlichen Substanzen der Welt macht. Es gibt im Grunde kein Kontinuum als wirkliches Gebilde, sondern nur diskrete, trennbare Einheiten.

Dieser geforderten Zerlegung der Körperwelt in eine Vielheit unteilbarer einheitlicher Substanzen steht nun gegenüber die Philosophie Descartes, die nachdrücklich die kontinuierliche Raumerfüllung der Materie behauptet, ja zur völligen Gleichseßung der körperlichen Substanz mit der überall gleichmäßigen, ins Unendliche teilbaren räumlichen Ausdehnung gelangt.

Die Philosophie des 17. und 18. Jahrhunderts

Man bezeichnet mit Recht Descartes (1596—1649) als den Begründer der neueren Philosophie. Er vor allem schafft das Begriffsgerüst, mit dem die Philosophie des 17. und 18. Jahrhunderts arbeitet. Der eine Grundpfeiler seines Systems ist der Satz von der Selbstgewißheit des Bewußtseins: in seiner Existenz unmittelbar gegeben und daher unbezweifelbar gewiß ist uns lediglich das eigene Ich, das heißt das eigene Bewußtsein und seine Inhalte, seine „Ideen“; alles andre, also vor allem die Körperwelt, wird nur erkannt von uns, sofern sie sich in diesen Ideen, in unseren Sinneswahrnehmungen und in unseren Begriffen, mehr oder minder adäquat und richtig widerspiegelt. Auf diesen Gedanken gründet sich weiter der Dualismus D.': Die Wirklichkeit zerfällt in zwei ihrem inneren Wesen nach verschiedene Welten oder verschiedene Substanzen: die seelische Substanz, das heißt das Ich (bzw. die Vielheit der Iche) oder die Sphäre des Bewußtseins, und die körperliche Substanz oder die

Welt außerhalb des Bewußtseins. (Über diesen beiden endlichen oder begrenzten steht dann freilich noch die „unendliche Substanz", Gott, durch deren Willen und schöpferische Kraft sie beide ins Dasein gerufen worden sind. Das Wesen der einen Substanz nun, der Seele, ihr „Attribut" ist das Bewußtsein, das heißt alle Vorgänge in oder an der Seele sind Weisen oder „Modi" des Bewußtseins: Wahrnehmen, Fühlen, Wollen, Denken — alles das sind Akte, in denen ein Ich sich seines Inhalts bewußt wird. Damit ergibt sich für D. die Frage nach dem entsprechenden „Attribut", der Wesenseigenschaft der körperlichen Substanz — daß sie die Substanz außerhalb des Bewußtseins ist, ist ja zunächst nur eine negative Bestimmung. Dieses gesuchte Attribut nun findet D. in der räumlichen A u s - d e h n u n g. Die seelische Welt ist ihrem Wesen nach unausgedehnt, wie der Körper außerhalb des Bewußtseins: eine Wahrnehmung, ein Gedanke oder Gefühl ist nicht mit Längenmaßen zu messen oder um eine bestimmbare Strecke von andern Gefühlen oder Gedanken entfernt. Dagegen können wir von einem Körper in Gedanken alle übrigen Eigenschaften — die Farbe, die Wärme, die Härte usw. — wegnehmen, ohne ihn selbst fortzunehmen, nur nicht die Ausdehnung: denken wir uns den Raum, den der Körper einnimmt, zu Nichts einschrumpfend, so haben wir den Körper selbst aufgehoben. Alle Eigenschaften des Körpers, die Farbe, Härte, Wärme u. s. f. sind nicht denkbar ohne eine Ausdehnung, die sie erfüllen oder über die sie sich erstrecken.

Die Grundeigenschaft des Körpers ist die Ausdehnung: daraus ergibt sich für D. zunächst die Berechtigung oder die Notwendigkeit einer rein mathematischen, geometrischen, quantifizierenden Naturbetrachtung. Es gibt keine letzten Qualitäten in der Körperwelt, wie die Aristotelische Physik sie annahm, sondern alle Qualitäten sind auf Modifikationen der Ausdehnung, alle qualitativen Veränderungen auf Bewegungen zurückzuführen. Farbe, Ton, Wärme sind Erscheinungen, denen Bewegungen im farbigen, tönenden Körper, die von ihm aus unser Sinnesorgan treffen, zugrunde liegen. Eine zweite wichtige Folgerung aber, die D. aus seiner Definition des Körpers als „ausgedehnter Substanz" ableitet, bezieht sich auf die Ausdehnung selbst, auf den Raum: Es kann, da die Ausdehnung Wesenseigenschaft der körperlichen Substanz ist, keinen Körper ohne Ausdehnung, aber auch keine Ausdehnung ohne körperliche Substanz geben (wie es kein Bewußtsein ohne ein „Ich" geben kann), ein leerer Raum also, ein Raum ohne wirklichen Körper, dessen Ausdehnung er ist, ist unmöglich. In bewußtem Gegensatz gegen die durch Gassendi erneuerte Atomistik Epicurs und Demokrits denkt sich also D. die Materie als eine gleichmäßig ausgedehnte, ins Unendliche sich erstreckende und ins Unendliche teilbare flüssige Masse ohne leere Zwischenräume, in der feste, das heißt in ihren Teilen zusammenhängende, nicht wie eine Flüssigkeit beliebig teilbare Körper schwimmen. Den alten Einwand, daß es ohne leeren Raum keine Bewegung geben könne, beantwortet D. durch jenen Gedanken, den wir angedeutet schon bei Aristoteles fanden: Bewegung ist dadurch möglich, daß ein Körper an die Stelle des andern tritt. In der Konsequenz dieses Gedankens liegt es, daß jede Verschiebung in der flüssigen Materie des Weltraums ein Teil einer größeren oder kleineren in sich zurücklaufenden Kreis- oder Wirbelbewegung sein muß, wie sie D. daher seinen Erklärungen der astronomischen Vorgänge zugrunde legt.

Raum und Körper sind nicht zwei in Wirklichkeit voneinander trennbare Gebilde, also auch nicht der Körper und der „Ort", den der Körper einnimmt: „Die Worte ‚Ort' oder ‚Raum' bezeichnen nämlich nicht etwas von dem darin befindlichen Körper Verschiedenes, sondern nur seine Größe, Gestalt und Lage zwischen anderen Körpern." Den „Ort" eines Körpers bestimmen, heißt seine Lage in bezug auf andre Körper seiner Umgebung bestimmen, da es einen vom Körper unterscheidbaren Raum mit bestimmten Punkten oder Ortern nicht gibt. Ein Körper nimmt denselben Ort ein, den vorher ein andrer hatte, heißt: er tritt in die Lagebeziehungen zu andern Körpern ein, die jener vorher hatte. Jede solche Lagebestimmung ist relativ, es gibt nur einen relativen Ort und ebenso nur eine relative, keine absolute Bewegung. Ein Körper bewegt sich, heißt, daß er aus der unmittelbaren Nachbarschaft dieser in die andrer Körper übergeht, es ist aber nur eine Sache unseres Denkens, ob wir den betreffenden Körper als bewegt und seine Umgebung als ruhend oder ihn als ruhend und die Umgebung als in entgegengesetzter Richtung bewegt ansehen. Die Gleichsetzung von Raum und Körper bedingt also zugleich die nachdrückliche Betonung der Relativität aller Raumbestimmung.

Es gibt für D. im Grunde nur e i n e n Körper, der mit dem Raum zusammenfällt. E i n z e l n e Körper entstehen in d e m Körper erst durch die Bewegung: ein einzelner Körper ist ein Stück d e s Körpers, dessen Teile gegeneinander ruhen und zusammen gegen eine weitere Umgebung sich verschieben: auch die Einheit des einzelnen Körpers ist etwas Relatives, durch die Beziehungen der Teile d e s Körpers zueinander zustande kommendes, es gibt keine absoluten letzten Einheiten, keine

Minima oder Monaden in der grenzenlos teilbaren Raummaterie. In eine fast paradoxe Form faßt A. Geulincx (1624—1669), der Hauptvertreter der „okkasionalistischen" Richtung im Cartesianismus, diesen Gedanken: der einzelne Körper, sagt er, verhält sich zu dem Körper, wie die Fläche zum Körper, die Linie zur Fläche, der Punkt zur Linie: das heißt der Einzelkörper ist das Ergebnis einer durch unser Denken in dem Körper vollzogenen Grenzsetzung, die uns durch die beobachtete Bewegung vorgezeichnet wird; wie aber der Punkt nicht ohne die Linie, deren Endpunkt er ist, oder die Fläche nicht ohne den Körper, dessen Grenzfläche sie ist, existieren kann, so auch der Einzelkörper nicht ohne den Körper.

Die beiden Hauptpunkte der Cartesischen Lehre vom Raum sind die Gleichsetzung des Raumes mit der Materie und die nachdrückliche Betonung der Relativität aller Ortsbestimmung und aller Bewegung. In beiden Punkten erwächst dem französischen Philosophen und seiner Schule ein heftiger Gegner in dem Engländer Henry More (1614—1687). Er stellt der Raummaterie Descartes' gegenüber die Behauptung auf, daß es einen ewigen, unbeweglichen, immateriellen Raum gebe, den wir nicht einmal fortdenken können, wenn wir auch die Dinge in diesem Raum vernichtet denken mögen. Der Relativität der

Bewegung gegenüber lehrt er, daß Bewegung nicht bloße Beziehungsänderung sei, sondern zugleich die Kraft oder Tätigkeit bedeute, durch die ein Körper seine Lage zu einem andern ändere: Wenn ich ruhig dasitze und ein anderer 1000 Schritte von mir weggeht, so daß er vor Anstrengung rot und müde wird, so bin doch nicht ich der Bewegte, das heißt ich bin nicht derjenige, der die Tätigkeit des Sich-Bewegens übt. Als sachlicher Kern steckt in diesem Argument, freilich noch unklar, der Gedanke, daß, wenn wir von der Bewegung selbst zu der Frage nach den bewegenden Kräften, von der phoronomischen zur dynamischen Betrachtung übergehen, die Frage, ob es möglich ist, zwischen wirklicher und scheinbarer Bewegung das Problem der absoluten und relativen Bewegung unter einen neuen Gesichtspunkt gerät. M. selbst will jedoch zwischen rein kinematischer und dynamischer Betrachtung nicht scheiden: gerade da wir bei jeder Bewegung fragen können, welcher von den beiden Körpern, die ihre Lage zueinander verändern, denn nun die Tätigkeit des Sich-Bewegens übe, scheint ihm die Relativität aller Bewegung absurd, da sie zu dem Ergebnis führt, daß derselbe Körper je nach dem Bezugskörper, auf den wir ihn beziehen, ruht oder sich in dieser oder andrer Weise bewegt — also zu widersprechenden Urteilen über denselben Gegenstand. Andre

Widerlegungen M.s treffen nur die spezielle Form der Bewegungsdefinition bei Descartes: Wenn Bewegung die Veränderung der Lagebeziehungen eines Körpers zu seiner unmittelbar ihn berührenden Umgebung ist, so dürfen wir von den Teilen im Inneren eines bewegten Körpers nicht sagen, daß sie sich bewegen. Es ist ein Überrest der Aristotelischen Orts- und Raumdefinition (der „Ort" eines Körpers ist die Grenze, die zwischen ihm und dem ihn umschließenden Körper liegt) bei Descartes, deren zu enge Fassung sich hier in der Tat ergibt; nicht die Beziehung zu seiner unmittelbaren Umgebung, sondern die zu einem beliebigen, willkürlich als ruhend angenommenen äußeren Bezugskörper, wie das Descartes selbst an anderer Stelle deutlich ausspricht, gibt uns die Möglichkeit, den Bewegungszustand eines Körpers zu bestimmen. Freilich gerade dies scheint M. schlechthin als unmöglich, daß die Urteile über Ruhe und Bewegung von Körpern, um sinnvoll zu sein, die Beziehung auf einen willkürlich gewählten und als ruhend angenommenen Körper voraussetzten.

Die körperlichen Dinge befinden sich in bestimmten Entfernungen voneinander und sie ändern diese Entfernungen voneinander, das heißt sie bewegen sich. Diese bestehenden Entfernungen und diese Bewegungen aber wären nicht denkbar ohne ewige, in sich unbewegliche, von den Dingen unabhängige Ausdehnung, den absoluten Raum, in dem sich die Dinge befinden und die Bewegungen sich vollziehen. Da Bewegungen und Entfernungen real sind, muß es auch der Raum sein, ohne den sie nicht wären. Da aber der Raum nicht Materie, vielmehr Bedingung der Existenz aller Materie ist, so ist er ein immaterielles, ein geistiges reales Gebilde.

More, der sich in seinem Kampf gegen Descartes' Raum- und Bewegungslehre wesentlich auf physikalischem Gebiet bewegt hatte (auch die Entdeckung des luftleeren Raumes, die Guerickeschen Experimente haben sicher bei ihm mitgewirkt), mündet nun endlich ganz in eine theologisierende Metaphysik ein. Die Grundeigenschaften des Raumes — Unendlichkeit, Ewigkeit, Unabhängigkeit, Unbeweglichkeit, Einheit — bringen ihn in enge Beziehung zu Gott selbst, er ist das Abbild der Allgegenwart Gottes, das „Sensorium" Gottes, wie Goclenius es ausdrückte, er bildet eine Art Übergang von Gott zur Körperwelt. Aus religiösen Gründen bekämpft hier M. den „Materialismus" Descartes', er will die Unselbständigkeit, die Abhängigkeit des Materiellen von einer geistigen Welt dartun, gerät aber dabei selbst in Gedankengänge hinein, die sich stark dem Pantheismus nähern.

Seine Bestrebungen, den unendlichen Raum mit der unendlichen Substanz, mit Gott, in Beziehung zu bringen, berühren sich mit Entwicklungen, die vom Cartesianischen Standpunkt aus, in der Schule Descartes', sichtbar werden. Spinoza macht die unendliche Ausdehnung zu dem einen Attribut Gottes, der als unendliches Wesen unendlich viele Attribute hat, deren jedes in seiner Art unendlich ist. Malebranche geht davon aus, daß wir jeden einzelnen Körper als Stück des unendlichen Raumes, gleichfalls aus ihm herausgeschnitten, denken müssen, der Begriff der unendlichen Ausdehnung also dem der begrenzten Ausdehnung, des Einzelkörpers, vorhergeht. Ebenso aber auch: wenn wir irgendein Ding als Individuum denken, so fassen wir es als Einzelfall eines allgemeinen Begriffs, das heißt eines unendlichen Inbegriffs möglicher Gegenstände. Jedesmal also, wenn wir einen einzelnen Gegenstand anschauen oder denken, liegt der Gedanke des Unendlichen in einer speziellen Form als Bedingung im Hintergrunde. Der Gedanke des Unendlichen schlechthin (der freilich nicht mehr eine „Idee", ein bestimmter Gedankeninhalt ist, sondern das, was alle einzelnen Gedankeninhalte erst möglich macht), ohne den es weder den des unendlichen Raumes, noch den des unendliche Möglichkeiten einschließenden Begriffes geben würde, das heißt der Gottesgedanke ist also die vor allem einzelnen Denken liegende, sie umschließende Voraussetzung. Um der

Nähe des Spinozistischen Pantheismus zu entgehen, faßt M. seine Lehre dahin zusammen, für Spinoza sei Gott im Raume (Gott ein ausgedehntes Wesen), für ihn der Raum in Gott (die Ausdehnung hat als unendliche Ausdehnung im Platonischen Sinn an der Unendlichkeit Gottes „teil").

Erheblich ausgeprägter noch als Descartes vertritt der englische Philosoph Thomas Hobbes (1588—1679) den von More so scharf bekämpften Materialismus mit seiner Vermaterialisierung des Raumes. Hobbes geht von der Überzeugung aus, daß alles Wirkliche Körper und jeder wirkliche Vorgang Bewegung sei (er lehnt auch Descartes' unausgedehnte Seelensubstanz ab). Der „Raum" kann daher auch nur ein Akzidens der Körper sein, er ist die abstrakt gedachte Ausdehnung der Körper, es gibt keinen realen Raum ohne Körper und ebensowenig eine reale Zeit ohne Bewegung. Descartes und seine Schüler setzten den Raum mit der einheitlich gedachten gesamten Körperwelt gleich und machten den einzelnen Körper zum Stück, schließlich zum „Modus" des Raumes (des Körpers): daß die Einzelkörper im Raume sind, also den Raum voraussetzen, bedeutete für sie, daß sie Teile oder abhängige Modi des einen Gesamtkörpers sind. Das lehnt H. ab, für ihn gibt es nur Einzelkörper, der Raum, den wir von diesen

Einzelkörpern unterscheiden, ist ein bloßes Abstraktum, ein reines Phantasiegebilde — dadurch entstehend, daß, wenn wir die Dinge in eine gewisse Entfernung rücken, so daß ihre spezifischen Unterschiede verschwimmen, die bloße Vorstellung, das Bild einer undifferenzierten Ausdehnung übrig bleibt. Dieser nur für unser Bewußtsein, nicht an sich existierende Nebel gleichsam, aus dem dann beim Näherkommen die Dinge auftauchen, ist das Urbild des „Raumes", der angeblich die Dinge „in sich befassen" und auch ohne die Dinge existenzfähig sein soll. Entsprechendes gilt dann für Zeit und Bewegung. —

Auf der andern Seite erwächst nun der Cartesischen Raumlehre und Physik ein sehr viel bedeutenderer Gegner als in Henry More in dem großen englischen Mathematiker und Physiker Isaac N e w t o n (1642—1727). N. geht in seinen physikalischen Überlegungen vor allem von zwei Prinzipien aus: von dem Galileischen Trägheitsprinzip und von dem von ihm selbst aufgestellten Prinzip der allgemeinen Massenanziehung, durch das es ihm gelingt, die Eigentümlichkeiten des freien Falls (dessen Gesetz Galilei gefunden hatte) zugleich mit den Keplerschen Gesetzen der Planetenbewegung zu erklären. Die Annahme der Massenanziehung führt unmittelbar zu einem scharfen Gegensatz zu dem Grundgedanken der Cartesischen Physik: nicht mehr nur in unmittelbarer Berühung, durch Druck und Stoß, wie Descartes und mit ihm fast alle seine Zeitgenossen es für selbstverständlich hielten, sollten die Körper aufeinander wirken, sondern es sollte eine Fernwirkung durch den Raum hindurch geben, der nun zugleich als leerer Raum zu dem umschließenden Medium wird, in dem die Körper sich befinden und sich durch anziehende Kräfte in ihrer Bewegung beeinflussen. Zu demselben Gedanken des absoluten Raumes führen N. die Konsequenzen des Trägheitsprinzips. Jeder Körper soll nach diesem obersten Bewegungsgesetz in seinem Zustand der Ruhe oder gleichförmig-geradlinigen Bewegung beharren, solange keine äußeren Kräfte auf ihn wirken. Damit dieses Gesetz universell und uneingeschränkt gültig sei, muß es Sinn haben, jedem Körper einen ganz bestimmten Bewegungszustand zuzuschreiben, nicht nur in bezug auf ein beliebig gewähltes und willkürlich als ruhend angenommenes Bezugssystem, sondern an sich muß ein Körper in Ruhe oder bestimmter Bewegung sein — nur für solche Bewegungen gilt das Trägheitsgesetz. Nun hatte man bisher diese Schwierigkeit nicht besonders gewürdigt, weil man die Fixsterne als absolut ruhend ansah und an die Stelle der absoluten Bewegung die auf den Fixsternhimmel bezogene Bewegung einsetzte. Für N. aber werden nun die Fixsterne selbst zu Körpern, die gemäß dem allgemeinen Gesetz der Massenanziehung Bewegungen ausführen: so drängt sich ihm die Willkür auf, die in jener Voraussetzung liegt. Es muß eine absolute Bewegung für jeden Körper geben — die Bewegung des auf einem Schiff fahrenden Menschen setzt sich zusammen aus seiner Bewegung zum Schiff, der des Schiffes zur Erde und der absoluten Bewegung der Erde, das heißt *ihrer Bewegung im absoluten Raum*. Denn die absolute Bewegung setzt den absoluten Raum voraus, und zwar als wirklich existierendes reales Gebilde. So nimmt N. den einen, allumfassenden, unbeweglichen, immateriellen Raum, wie ihn More behauptet hatte, als Grundbegriff der Physik an, fügt aber nun zugleich ihm den gleichartigen Begriff der absoluten Zeit an. „Die *absolute, wahre und mathematische Zeit* fließt, an sich und ihrer Natur nach ohne Beziehung auf etwas Äußeres, gleichmäßig dahin und heißt mit anderem Namen auch Dauer: die relative, scheinbare und gewöhnliche Zeit ist ein sinnliches und äußeres Maß der Dauer, vermittelst einer Bewegung, wie man es für gewöhnlich an Stelle der wahren Zeit braucht." „Der *absolute Raum* bleibt, seiner Natur nach ohne Beziehung auf etwas Äußeres, beständig gleichartig und unbeweglich: der relative ist irgendein beliebiges bewegliches Maß oder eine Abmessung dieses Raumes, welche von unseren Sinnen durch ihre Lage zu Körpern fixiert und für gewöhnlich an Stelle des unbeweglichen Raumes gebraucht wird." Der „Ort" ist nicht mehr die Grenze des umschließenden und umschlossenen Körpers, sondern unter dem Ort ist letzten Endes der von dem Körper eingenommene Teil des absoluten Raumes zu verstehen; die absolute Bewegung ist die Übertragung eines Körpers von einem absoluten Ort nach einem andern.

Was sind Raum und Zeit? Die Frage führt wie bei More über das Philosophische hinaus ins Metaphysische, ja Theologische. Sie sind das „Sensorium Gottes", das heißt sie sind die unmittelbaren Folgen seiner Allgegenwart und Ewigkeit den Dingen gegenüber.

Nun entsteht indessen noch ein Problem: weder der absolute Raum und die absolute Zeit, noch der absolute Ort und die absolute Bewegung eines Körpers sind an sich wahrnehmbar oder der direkten Erfahrung zugänglich, auf welchem Wege also können wir uns von der wahren Lage und Bewegung eines Körpers überzeugen? Die Frage zerlegt sich in zwei Teile. Gehen wir zunächst aus von der geradlinig-gleichförmigen Bewegung, so ist klar, daß in bezug auf zwei gegeneinander in solcher Bewegung befindlichen Körper keine Möglichkeit besteht, zu entscheiden, ob der eine ruht und der andre sich bewegt oder umgekehrt, es besteht hier in jeder Hinsicht völlige Reziprozität. Dennoch glaubt N. auch hier mit Hilfe des Beharrungsgesetzes, das er als unbedingt gültig voraussetzt, die absolute Bewegung erschließen zu können: Es folgt zunächst aus dem Satz von der Erhaltung des Massenmittelpunktes, daß der Schwerpunkt der Welt im Ganzen ruht, des weiteren aber, meint er, dürfen wir auch schließen, daß der Schwerpunkt des von den weit entfernten Fixsternen fast unbeeinflußten Sonnensystems in absoluter Ruhe sich befindet. Endlich folgt aus der unveränderten Lage der Fixsterne gegen die Aphelien und Knotenpunkte der Planetenbahnen die absolute Ruhe der Fixsterne im Raum. (Die Fixsterneigenbewegungen wurden erst von Bradley im Jahre 1718 entdeckt, die sogen. Translation der Sonne von Herschel 1783.) Sind diese Schlüsse reichlich angreifbar, so hat dagegen N. eine sehr viel bessere Stellung, wenn er die Frage bezüglich der beschleunigten und Drehbewegung stellt. An dem um seine Achse sich drehenden Körper treten Fliehkräfte auf — in dem von N. ausgeführten Experiment steigt das Wasser an den Wänden des schnell um seine Achse rotierenden Gefäßes in die Höhe, um so stärker, je mehr die rotierende Bewegung sich auf das Wasser überträgt. Das Auftreten dieser Fliehkräfte am Äquator der Erde etwa ist ein Beweis dafür, daß wirklich die Erde sich dreht und nicht etwa der Fixsternhimmel: an einer absolut ruhenden Erde würden jene Kräfte nicht auftreten. Hier ist also die Möglichkeit gegeben, zwischen absoluter und relativer, wirklicher und scheinbarer Bewegung empirisch zu unterscheiden, freilich nicht durch Betrachtung der Bewegung selbst (phoronomisch), sondern ihrer Wirkungen (dynamisch). –

Newtons Physik – seine Lehre von Raum und Zeit und der durch den leeren Raum hindurchgehenden Fernwirkung der Körper aufeinander – begegnet zunächst bei Physikern wie Philosophen heftigen Widerspruch. Unter den Gegnern, die von beiden Gesichtspunkten her ihn bekämpfen, ist der bedeutendste Leibniz (1643–1713), der sich mit Newton in den Ruhm der Erfindung der Infinitesimalrechnung teilt, in der Einführung einer grundlosen Anziehungskraft der Körper aufeinander aber die Einführung eines „Wunders" in die Naturerklärung sah.

Obgleich L. von Anfang an wesentlich mit den Begriffen der Cartesischen Philosophie arbeitet, im besonderen also auch zunächst wie Descartes Körper und Seele als „ausgedehnte" und „denkende Substanz" gegenüberstellt, hat er doch nie vorbehaltlos der Gleichsetzung von Körper und Raum zugestimmt, vielmehr ist für ihn schon in seinen frühen Schriften der Körper etwas im Raume, der Raum das an sich, der Körper das durch den Raum Ausgedehnte. Der Punkt, in dem er sich hier von Anfang an von Descartes unterscheidet, hängt mit einer Neigung zur Atomistik zusammen: Alles substantiell Wirkliche muß aus letzten unteilbaren Einheiten bestehen, denn alles Teilbare ist ein Zusammengesetztes, eine Summe, eine Summe aber ist nur wirklich, wenn sie aus wirklichen Summanden, also schließlich aus Einheiten besteht, die nicht wieder Summen sind. In einer Jugendschrift vom Jahre 1670 führt dieses Prinzip, an dem L. stets festgehalten hat, ihn sogar zu der paradoxen Folgerung, auch Raum und Zeit (und entsprechend die Bewegung) seien aus letzten unteilbaren Elementen, aus Atomen zusammengesetzt, die beim Raum verschiedene Größe haben, bei der Zeit einander gleich sein sollten. Es gibt ein aktuell unendlich Kleines in Raum, Zeit und Bewegung, das, trotzdem es unendlich klein ist, in seiner Größe miteinander verglichen werden kann: wir erkennen den Zusammenhang jener Gedanken mit der Infinitesimalrechnung. Zwei Punkte sind es dann vor allem, die ihn im Lauf der 70er Jahre von jenen Gedanken zurückkommen lassen: die Einsicht in die Unmöglichkeit, den Punkt im Raum und den Augenblick in der Zeit anders denn als Grenze aufzufassen, also die k o n t i n u i e r l i c h e Natur und die unendliche Teilbarkeit von

Raum und Zeit, und ferner die Einsicht in die Relativität aller Bewegung, solange sie wirklich als Bewegung, rein phoronomisch, nicht dynamisch, angesehen wird (es ist Willkür, wenn wir einen Körper als bewegt, seine Umgebung als ruhend bezeichnen, wir können ebensogut das Umgekehrte annehmen).

Damit sind nun schon die wichtigsten Punkte bezeichnet, die L. um die Mitte der 80er Jahre zu seiner prinzipiellen Umbildung der Cartesischen Metaphysik, zu der Ersetzung des Descartes'schen Dualismus durch seine idealistische Monadenlehre führen. Da alles substantiell Wirkliche aus letzten Einheiten zusammengesetzt sein muß, der Raum bzw. der Körper als nur ausgedehntes Ding aber ins Unendliche teilbar ist, so kann es kein substantiell Wirkliches sein, es gibt keine „ausgedehnte Substanz". Anders steht es mit dem Bewußtsein oder der „denkenden Substanz", die als ein nicht aus äußeren Teilen bestehendes, sondern mit inneren Zuständen ausgestattetes Wesen substantielle Realität besitzen kann. Es existiert also in substantieller Wirklichkeit an sich nur die Summe der „Monaden", das heißt der Seelen und seelenartigen Wesen, alles andre besteht nur in oder an diesen Monaden, das heißt als Vorstellung. Insbesondere die Körperwelt hat nur eine solche „Phänomenale", eine Existenz als Inbegriff zusammenhängender Vorstellungen in den vorstellenden Seelen und Monaden.

Was ist nun speziell der Raum? Nicht eine reale Substanz, aber auch nicht die Eigenschaft einer solchen, sondern eine Ordnungsform, die Ordnung des Nebeneinander. Ihr entspricht eine andre Ordnungsform: die der Zeit oder des Nacheinander. (L. ist in der kontinentalen neueren Philosophie der erste, der Raum und Zeit in Parallele setzt, in der Cartesianischen Lehre und Schule stand dem die Gleichsetzung von Raum und körperlicher Substanz entgegen. Descartes definiert die „Dauer" als den „Zustand einer Sache, sofern sie zu sein fortfährt", und nennt „Zeit" die „Dauer jener größten und gleichmäßigsten Bewegung, von der die Jahre und Tage kommen".) Jede Ordnung nun fordert etwas, das gefordert wird: das sind hier zunächst die Phänomene, die gesehenen Farben, getastete Härte u. s. f. Die räumliche Ausdehnung ist damit zunächst selbst ein gesehenes, getastetes, wahrgenommenes Phänomen, aber nicht das Phänomen eines Einzelsinnes, sondern des mit allen Sinnen sich verknüpfenden „Gemeinsinnes". Und damit hängt ein weiteres zusammen: die Klarheit und Deutlichkeit der räumlichen Vorstellungen, die eine Wissenschaft der Geometrie möglich machen.

Es wurde von den zwei Welten, der der Substanzen oder Monaden und der der Vorstellungen gesprochen; ihnen entsprechen zwei Wissenschaften: die Metaphysik und die Naturwissenschaft. Die Aufgabe der Naturwissenschaft ist es, die Phänomene, die Vorstellungen in klare und deutliche Begriffe zu fassen, sie damit den Gesetzen der Arithmetik und Logik zu unterwerfen, sie exakt und einsichtig erkennbar zu machen. Dies ist nun eben möglich bei den geometrischen Figuren, nicht dagegen bei Farben, Tönen, Wärme und Kälte, es sei denn, daß wir ihnen Bewegungen oder Konfigurationen unterschieben, an sich bleiben sie „verworren".

Wie aber kommen wir nun zu dem Gedanken des einen, alle körperlichen Dinge umfassenden gleichartigen Raumes bzw. der entsprechenden Zeit? Hier müssen wir zunächst eine andre Frage stellen: Es gibt in Wahrheit eine Vielheit von vorstellenden Wesen und daher von Vorstellungswelten — wie kommen wir dazu, trotzdem von der einen Körperwelt zu sprechen? Wir tun das, weil die Vorstellungen in den einzelnen Monaden sich entsprechen, weil sie in bestimmter Harmonie zu einander stehen. Zeichnet sich in meinem Bewußtsein das Bild eines bestimmten Gegenstandes ab, so entsteht auch im Bewußtsein des neben mir Stehenden nicht das gleiche, aber ein entsprechendes Bild —

dem „Standort“ des betreffenden Menschen und der Stellung des betreffenden „Dinges“ entsprechend. Alle vorstellenden Wesen stellen dasselbe „Universum“ von Dingen vor, jedes von einem andern „Gesichtspunkt“ oder „Ort“ im „Raume“ aus. Nun ist aber weder dieses Universum noch jener Raum wirklich vorhanden, vorhanden sind nur die Vorstellungen, die sich so verhalten, als ob sie Spiegelungen desselben Dinges von den Punkten eines unbeweglichen Stellensystems wären: das dingliche Universum wie das Ordnungssystem des Raumes sind für sich genommen eine reine Konstruktion des Denkens, ein imaginäres Gebilde. Die an sich unräumlichen und ewigen Monaden bringen vermöge einer durch Gott in sie hineingelegten Kraft die Vorstellungen in dieser so sich entsprechenden Art und dieser Reihenfolge hervor. Noch anders: Die Vorstellungswelten der einzelnen Monaden enthalten denselben Inhalt, aber in verschiedener Projektion, das heißt in verschiedenen Klarheitsgraden und bezogen auf ein kontinuierlich sich verschiebendes Klarheitszentrum, denn jede Monade stellt um so klarer vor, was ihrem „Gesichtspunkt“ näher liegt. Denken wir uns den gesamten Vorstellungsinhalt in allen Teilen gleich klar vorgestellt, so haben wir das Bewußtsein der allgegenwärtigen, der göttlichen Monade.

An die Stelle des Raumes und der Zeit tritt

das Neben- und Nacheinander der Phänomene. Warum nun stellen sich die Phänomene in dieser bestimmten Ordnung dar? Die Aufgabe der Wissenschaft ist es, diese Ordnung als eine gesetzmäßige, notwendige darzutun; die im Raume, das heißt nebeneinander sich ordnenden sind die zugleich seienden und damit die gegenseitig, durch Wechselwirkung in bestimmter Weise sich fordernden, die in der Zeit sich folgenden sind die durch Wechselwirkung sich ausschließenden, aber als Ursache und Wirkung sich fordernden Phänomene. Daher können nie zwei genau gleiche Inhalte zu verschiedener Zeit oder an verschiedenen Orten wiederkehren: die zeiträumliche Anordnung ist der Ausdruck eines sachlichen Zusammenhangs der phänomenalen Dinge, der jedem qualitativ bestimmten Ding seine einzig mögliche Zeit- und Raumstelle, das heißt seine Beziehung im Neben- und Nacheinander zu den sonstigen Dingen anweist.

In einem ausgedehnten polemischen Briefwechsel mit dem Newtonschüler Clarke setzt sich L. kritisch mit Newtons Raum- und Zeitlehre auseinander. Er wendet gegen sie erstens ein, daß im absoluten Raum und der absoluten Zeit zwei unwandelbare und ewige Dinge, substantieller als die Substanzen, als wirklich angenommen werden. Es müßte ferner denkbar und sinnvoll sein, auch von einem „Ort" des Universums oder von einer Bewegung desselben zu sprechen, aber ein solcher Ort oder eine solche Bewegung wäre gar nicht vorstellbar, an sich wären die Punkte des Raumes und der Zeit ununterscheidbar; würde das gesamte Universum plötzlich an eine andre Stelle des absoluten Raumes gerückt, so würde niemand etwas von dieser Veränderung überhaupt bemerken können: Bewegung aber, fährt L. fort, gibt es nur dort, wo eine der Beobachtung zugängliche Änderung stattfindet, ist diese Veränderung durch keine Beobachtung festzustellen (das heißt entzieht sie sich nicht nur tatsächlich, sondern prinzipiell der Beobachtbarkeit), so ist sie auch nicht vorhanden. Clarke entgegnet erstens: wenn eine Unterscheidung auch durch keine physikalische Beobachtung belegbar sei, könne es doch Sinn haben, sie zu machen. Und zweitens verweist er auf die bestimmten Fälle (beschleunigte und Drehbewegung), in denen auf dynamischem Wege eine absolute Bewegungsänderung nachweisbar sei. L. bestreitet an sich natürlich diese Unterschiede nicht — wenn ein Körper in bezug auf einen andern Körper, die Erde zum Beispiel in bezug auf den Fixsternhimmel, sich dreht, so treten an dem einen Fliehkräfte auf, an dem andern nicht — aber er würde es ablehnen (genau äußert er sich allerdings zu dem Punkte nicht), von hier aus auf die Realität eines absoluten Raumes, in dem der eine Körper ruht, der andere sich dreht, zu schließen. —

Schon bei Descartes und Leibniz spielt in der Untersuchung der Natur von Raum und Zeit die Beantwortung der Frage eine gewisse Rolle, woher wir denn von beiden wissen, die erkenntnistheoretisch-psychologische Frage nach dem Ursprung der Raum- und Zeitvorstellung. Sie tritt ganz in den Vordergrund in der empiristischen Philosophie John Lockes (1632—1704) und seiner Nachfolger in England. Für Descartes gehört der klare und deutliche Begriff der räumlichen Ausdehnung, der der Geometrie zugrunde liegt, zu den „angeborenen Ideen" des menschlichen Geistes, deren Vorhandensein Locke, der Philosoph des Empirismus, leugnet. Wie alle Vorstellungen, entstammen auch Raum und Zeit — Ausdehnung und Dauer — der sinnlichen und inneren (seelischen) Erfahrung. Alles, was wir sehen und tasten, gibt sich uns als ausgedehnt, die Idee der Ausdehnung ist also ein Inhalt des Gesichts- und Tastsinnes; alles was wir überhaupt erleben, sei es Sinnesempfindung, Gefühl oder Wollen, gibt sich uns als dauernd, die Idee der Dauer ist also eine solche der Sinnes- und Selbstwahrnehmung. Nachdrücklich lehnt L. die Cartesische Gleichsetzung von Ausdehnung und wirklichen Körpern ab: ein wesentliches Moment des Körpers ist die Undurchdringlichkeit, die Raum**erfüllung**; darum ist auch an sich eine leere, dem tastenden Finger keinen Widerstand entgegensetzende Ausdehnung wohl denkbar. Ein besonderes Problem bleibt noch die Unendlichkeit des Raumes und der Zeit: sie bedeutet nach L. nichts andres, als die beliebige Vergrößerbarkeit jeder begrenzten räumlichen und zeitlichen Ausdehnung. Die Erfahrung zeigt uns, daß jede Linie verlängert wieder eine Linie ergibt, die abermals verlängert werden kann u. s. f. in infinitum oder vielmehr indefinitum. Für die Cartesianer ist die begrenzte Figur ein Ausschnitt aus dem unendlichen Raum, dessen Idee sie voraussetzt, für L. entsteht der unendliche Raum aus der begrenzten Figur durch die Vergrößerung, die unsere Vorstellung vollzieht.

Tiefer als die L.sche greift die Analyse G. **Berkeleys** (1685—1753), den sein Empirismus insbesondere auch zu einem scharfsinnigen Kritiker Newtons macht. Da er, hierin mit Leibniz, wenn auch mit ganz andrer Begründung, übereinstimmend, in bezug auf die Körperwelt einen streng phänomenalistischen Standpunkt vertritt (der Körper ist ein Zusammenhang von Phänomenen im Bewußtsein), so ist es selbstverständlich, daß er auch Newtons real existierenden absoluten Raum (und Zeit) ablehnt. „Die“ Zeit und „der“ Raum zunächst sind Abstraktionen, abstrakte Gebilde aber sind nicht einmal für sich vorstellbar, geschweige denn, daß sie reale Existenz besäßen. Es existiert nur die A b f o l g e unserer Vorstellungen und die A u s d e h n u n g der gesehenen Farbe und getasteten Härte*. Es gibt keinen Raum, der verschieden wäre von unserm durch die Sinne perzipierten und von wahrgenommenen Körpern erfüllten Raum. „Raum" und „Körper" unterscheiden sich genauer nur als tastbare und dem Tastsinn keinen Widerstand entgegensetzende sichtbare Ausdehnung. „Bewegt" nennen wir einen Körper, wenn er seinen Abstand gegenüber einem anderen Körper ändert und eine bewegende Kraft auf ihn gerichtet ist — sehen wir von dem letzteren Punkt ab, so ist jede Bewegung relativ. „Im gemeinen Leben denken die Menschen niemals über die Erde hinaus, um den Ort irgendeines Körpers zu bestimmen, was in bezug auf die Erde ruht, wird daher als a b s o l u t ruhend angesehen." Versuchen wir aber, wenn wir über die Erde hinausdenken, diesem Begriff der absoluten Ruhe noch irgendeinen faßbaren Sinn zu ge-

---

* Bemerkenswert ist es, daß B. diese Ausdehnung als lediglich zweidimensial betrachtet: Tiefe, d. h. die durch Bewegung und Tastsinn wahrnehmbare Entfernung vom Auge wird nicht gesehen, sondern vom Sehenden aus Anzeichen erschlossen (empiristische Theorie der Tiefenwahrnehmung).

ben, so verwickeln wir uns in leere Begriffe: jede „absolute“ ist genau betrachtet eine bestimmte relative Bewegung. B. zieht auch die durchaus konsequente Folgerung, daß zwischen Ptolemäischer und Kopernikanischer Astronomie lediglich ein Unterschied der Betrachtungsweise besteht: die Annahme, daß die Erde sich um die Sonne bewegt, ist nicht wahrer als die umgekehrte, sie hat nur den Vorzug, daß sich aus ihr eine einfachere Darstellung der Planetenbahnen ergibt. Endlich richtet B. seine scharfe Kritik gegen Newtons wie Leibniz' Infinitesimalrechnung: die entstehenden und verschwindenden Quantitäten, die Fluxionen und Infinitesimale verschiedener Ordnung, mit denen jene Methode arbeitet, sind unvorstellbare, lediglich fiktive Gebilde, die je nach Bedürfnis gleich Null gesetzt und als wirkliche Größen behandelt werden, die ganze Infinitesimalrechnung ist eine bloße Technik des Rechners, keine wirkliche Erkenntnismethode.

An Berkeley knüpft D. Hume (1711—1776) an. Auch für ihn sind „Raum“ und „Zeit“ abstrakte Vorstellungen, die wir gewinnen, indem wir bei der gesehenen Farbe und getasteten Härte allein auf das abstrakte Moment der Ausdehnung bzw. indem wir auf das abstrakte Moment der Abfolge in unsern sich verändernden Vorstellungen achten. Alles „Wirkliche“ muß irgendwie vorstellbar sein, denn von schlechterdings Unvorstellbarem können wir nicht einmal mit Sinn reden, Worte, die Unvorstellbares bezeichnen, sind eben leer. Eine solche leere, nur scheinbar sinnvolle Rede ist es, wenn wir von unendlich kleinen Teilen und unendlicher Teilbarkeit endlicher Größen sprechen: wir kommen jederzeit in der Teilung oder Verkleinerung vorgestellter oder wahrgenommener Strecken zu letzten Teilen, Punkten, die schlechthin einfach sich darstellen, in denen wir keine weiteren Teile vorzustellen vermögen. Ebenso besteht für unsere Wahrnehmung die Zeit aus unteilbaren Augenblicken. Es ist die Konsequenz seines strengen Empirismus, die H. so dazu führt, in dem mathematischen Grundsatz der unendlichen Teilbarkeit räumlicher Größen eine bloße irreführende Paradoxie zu erblicken. —

Newtons dynamische Naturlehre, die er der mechanischen Physik Descartes entgegenstellte, die Lehre, daß die Körper nicht nur im Druck und Stoß in unmittelbarer Berührung aufeinander wirken, sondern anziehende Fernkräfte, durch den vorausgesetzten leeren Raum hindurch aufeinander üben, setzt sich, nachdem sie anfangs heftigstem Widerspruch begegnet war, allmählich immer mehr als herrschende Auffassung in der Physik durch. Als Beleg kann uns dienen, zu sehen, wie sie als selbstverständliche Grundlage der gesamten Mechanik in der Naturphilosophie von

Boscovich (1711—1787) erscheint, wie der Mathematiker Euler (1707—1783) ihre Grundlagen, die Raum- und Zeitlehre Newtons, zu begründen und zu festigen sucht, endlich wie sie die Voraussetzung der Naturlehre und Erkenntnistheorie Imm. Kants (1724—1804) bildet. Boscovich betrachtet als das substantiell Wirkliche der Körperwelt letzte einfache und unteilbare Elemente (hier der Leibniz-Wolffischen Philosophie folgend); als einfach sind diese Elemente punktuell, nicht ausgedehnt, aber sie erfüllen den sie umgebenden Raum durch von ihnen als Zentren ausgehende Kräfte, und zwar anziehende und abstoßende Kräfte. Die Undurchdringlichkeit eines Körpers, der Widerstand, den er dem Druck und Stoß entgegensetzt, ist selbst die Folge einer durch den Raum hindurch auf bestimmte Entfernungen wirkenden Repulsivkraft (die nur in viel stärkerem Maß mit der Entfernung abnimmt, als die Anziehungskraft, daher gegen diese erst bei sehr großer Annäherung der Körper zu merklicher Wirkung gelangt, dann aber sehr stark wachsend jede wirkliche Berührung der Elemente unmöglich macht). Während also die bisherige Physik alle scheinbaren Fernwirkungen auf Druck und Stoß zurückführt, wird hier (ähnlich bei Kant) die Druck- und Stoßwirkung auf durch den absoluten Raum hindurch wirkende Zurückstoßungs- und Anziehungskräfte zurückgeführt.

Euler geht wie Newton aus von den Gesetzen der Bewegung, insbesondere dem Trägheitsgesetz. Dasselbe fordere, um gültig zu sein, die Annahme einer absoluten Bewegung, denn nur für absolute Bewegungen oder doch für Bewegungen, die auf absolut ruhende oder gleichförmig-geradlinig fortschreitende Körper bezogen werden, gilt das Trägheitsgesetz. Absolute Bewegung aber fordert den absoluten Raum und die absolute Zeit. Das Trägheitsgesetz (das E. selbst a priori, aus dem allgemeinen Kausalprinzip zu begründen unternimmt: ein bewegter und sich selbst überlassener Körper müßte geradlinig und gleichförmig sich bewegen, weil kein Grund einsichtig gemacht werden könne, warum er eher nach dieser als jener Richtung von der einfachen Fortsetzung der eingeschlagenen Bewegungsrichtung abweichen sollte — ein Beweis, dessen petitio principii freilich leicht erkennbar ist) spricht ferner von absolut isolierten Körpern, die keine Einwirkung erfahren, und ihrem beharrenden Bewegungs- oder Ruhezustand, also muß es solche Körper geben und muß es sinnvoll sein, von ihrem Bewegungszustand zu sprechen, was wiederum nur durch Voraussetzung des absoluten Raumes möglich ist. Leibniz hatte hier gerade umgekehrt geschlossen: Da alle Bewegung als Ortsveränderung relativ ist, hat es keinen Sinn, einem absolut isoliert gedachten Körper noch Ruhe oder Bewegung überhaupt zuzuschreiben. Freilich spricht E. unzweideutig aus, daß es auch auf dynamischem Wege nicht möglich sei, die absolute Ruhe von der geradlinig-gleichförmigen Bewegung zu unterscheiden, wohl aber sei die absolute Bewegung von der relativen bei Dreh- und beschleunigten Bewegungen durch das bekannte Auftreten von Fliehkräften zu trennen. E. betont zunächst, daß wir zur wissenschaftlichen Erkenntnis der Bewegung und ihrer Gesetze den absoluten Raum vorstellen müssen, er schreitet aber dann weiter zu der Behauptung fort, daß dieser Raum auch real sein müsse. Hier stoßen wir auf den Gegensatz zur Kantischen Raum- und Zeitlehre.

In der ersten Periode seiner vorkritischen Zeit steht Kant auf der einen Seite unter dem Einfluß der Leibniz-Wolffischen Philosophie, auf der andern unter dem der Newtonschen Physik. Gerade in seiner Auffassung von Raum und Zeit zeigt sich der Versuch, beide miteinander zu verbinden. In der Habilitationsschrift K.s („Neue Erläut. der Grundprinz. d. metaph. Erk. 1755) ist der Raum ein Phänomen der Sinne, dem realiter ein Verhältnis der Substanzen zugrunde liegt (wie bei Wolff), genauer aber sind es nicht die Substanzen, sondern ihr durch Gott ihnen anerschaffener

Kausalzusammenhang, ihr „Commercium", der die räumliche Ordnung bedingt, genauer, er ist die Form dieses Commerciums: keine aufeinander wirkenden Substanzen, ohne daß sie in einem Raum nach Maßgabe ihrer Wechselwirkung sich gruppieren müßten (hier gewinnt der Raum wie bei Newton seine Stellung als logisches Prius der aufeinander wirkenden Substanzen. In seiner Erstlingsschrift hatte K. den Versuch gemacht, die Dreidimensionalität des Raumes aus dem allgemeinen Wirkungsgesetz der Substanzen, dem Gravitationsgesetz Newtons also, abzuleiten). Dem Gravitationsprinzip, der ganzen dynamischen Naturauffassung auch mit den Fernkräften stimmt K. lebhaft zu und macht sie zur Grundlage seiner eigenen Physik — in der „physischen „Monadologie" werden die Körper gänzlich zu Kraftpunkten mit Repulsiv- und Attraktionskräften — der absolute Raum aber bedeutet für ihn philosophisch eine gewisse Schwierigkeit. In der kleinen Schrift „Neuer Lehrbegriff der Bewegung und Ruhe" (1757) wird nachdrücklich die Relativität aller Bewegung gelehrt und jene Schwierigkeit hervorgehoben: „Wenn ich mir auch gleich einen mathematischen Raum leer von allen Geschöpfen als ein Behältnis der Körper einbilden wollte . . . wodurch soll ich die Teile desselben und die verschiedenen Pläße unterscheiden, die von nichts Körperlichem eingenommen sind?"

Eine starke Wandlung zeigt nun gerade in dieser Frage nach dem Vorhandensein des absoluten Raumes die kleine Schrift vom Jahre 1768 „Von dem ersten Grunde des Unterschiedes der Gegenden im Raume". Hier glaubt K. einen Beweis dafür zu haben, „daß der absolute Raum unabhängig von dem Dasein aller Materie und selbst als der erste Grund der Möglichkeit ihrer Zusammensetzung eine eigene Realität habe". Der Grund ist der anschaulich gegebene Unterschied von rechts und links. In einem Gegenstand und seinem Spiegelbild ist die Beziehung der Teile des gegebenen Dinges zueinander genau die gleiche, trotzdem ist letzter evidenter Unterschied vorhanden, der also nicht in dieser Beziehung oder Lage der Teile zueinander, sondern nur in ihrer Lage oder Beziehung zum Raum seinen Grund haben kann. Der Raum ist also nicht der Inbegriff der Lagebeziehungen der Punkte zueinander, sondern eine besondere Realität, in der und in bezug auf die die Punkte geordnet sind. Wahrnehmung, Anschauung — der anschaulich gegebene Unterschied von rechts und links — führt uns zum absoluten Raum — freilich ist nicht der Raum selbst wahrgenommen, sondern nur diese Beziehungen der Lage, die als Beziehungen zum Raum gedeutet werden.

Zwei uns bereits bekannte Fragen in bezug auf Raum und Zeit sind es nun, die K. weiterführen und deren Beantwortung uns unmittelbar in den Gedankenkreis der Kritik der reinen Vernunft (1781) bringt. Einmal die Frage: was ist nun eigentlich der absolute Raum und die absolute Zeit ihrem Wesen nach? — jene Frage, die bei Newton und More zu seltsamen mystisch-theologischen Spekulationen geführt hatte, mit denen sich der große Kritiker der Metaphysik sicher nicht befreunden konnte. „Die, so die absolute Realität des Raumes und der Zeit behaupten, ... müssen zwei ewige und unendliche für sich bestehende Undinge annehmen, welche da sind (ohne daß doch etwas Wirkliches ist), nur um alles Wirkliche in sich zu befassen." Die andre Frage ist die namentlich von den englischen Philosophen behandelte nach dem Ursprung unseres Wissens von Raum und Zeit. Daß wir dieses Wissen in bestimmtem Sinn aus der Anschauung schöpfen und nur aus ihr schöpfen können, davon ist K. überzeugt, gerade auch wieder durch jene Überlegung, die sich auf rechts und links bezog: das reine Denken scheint uns zu lehren, daß zwei Dinge, deren Teile und in denen auch die Beziehungen der Teile untereinander gleich sind, schlechthin vertauschbar sein müssen, die Anschauung zeigt uns, daß sie trotzdem unter Umständen nicht zur Deckung gebracht werden können. Aber diese Anschauung ist nun — hier wendet sich K. gegen Locke und Hume — keine „empirische“ Anschauung, Raum und Zeit sind nicht aus der Wahrnehmung abstrahierte empirische Begriffe, wie der Begriff der Farbe oder des Tones, denn sonst hätten die Grundsätze der Geometrie, die doch strenge und unveränderliche Gültigkeit besitzen, nur eingeschränkte, empirische, wahrscheinliche Geltung. Woher wissen wir, daß *jeder* Raum vergrößert einen ihn umschließenden Raum ergibt, der wieder beliebig vergrößert werden kann, daß also jeder Raum ein Teil des *einen* unendlichen Raumes ist? Woher wissen wir, daß in *jedem* Punkte des Raumes drei und nur drei Lote aufeinander errichtet werden können, daß also der Raum dreidimensional ist? Diese Sätze sind nicht empirisch, keine bloßen Erfahrungen, denn wir sprechen sie mit apodiktischer Gewißheit aus; ob jenseits des letzten sichtbaren Sterns noch Materie vorhanden ist, kann nur das Fernrohr der Zukunft uns zeigen, daß der Raum dagegen noch weitergeht, daß wir weiter in ihn hineinschreiten können, ohne auf eine Grenze zu stoßen, wissen wir ohne Fernrohr. Aber sie sind auch keine nur logischen Einsichten, denn wir brauchen Anschauung, um ihren Sinn und ihre Geltung zu erkennen: ein Raum, der nicht mehr vergrößert werden könnte, ist nicht logisch unmöglich, er ist nicht ein in sich widerspruchsvolles Gebilde, aber er ist für unsere Vorstellung nicht realisierbar, wir können uns eine Grenze des Raumes nicht anschaulich vorstellen und ebensowenig vier in demselben Punkt aufeinander senkrecht stehende Lote, obgleich wiederum dieser Gedanke widerspruchslos vollziehbar ist. Darauf gründet nun K. seine Theorie, der Raum sei — weder Substanz, noch Eigenschaft, noch Ordnungsform, sondern „eine Form unserer Anschauung", ein inneres Gesetz unseres Anschauens. Der Raum erscheint uns — wie Newtons absolute Setzung des Raumes vor den Dingen mit Recht festlegt — als Bedingung der Möglichkeit der Dinge, nicht als von ihnen abhängige Bestimmung, aber er ist genauer eine Bedingung, die in unserer Anschauung begründet ist: wir können die Dinge nur so anschaulich vorstellen, daß sie sich zum Ganzen eines unendlichen usw. Raumes zusammenfügen. Und entsprechend steht es mit der Zeit. In gewissem Sinn werden damit Raum und Zeit „subjektiv", nicht an sich, aber für unsere Anschauung gehören die Dinge der räumlich-zeitlichen Sphäre an, aber auch nur Dinge möglicher Anschauung sind für uns wissenschaftlich erkennbar. Ein besondres Argument für seine Lehre bieten K. die „Antinomien", die Widersprüche dar, in die sich der menschliche Geist anscheinend unrettbar verwickelt, wenn er über die Frage des ersten zeitlichen Anfangs bzw. der Anfangslosigkeit der Welt nachdenkt. Ist die Welt in einem bestimmten Zeitpunkt entstanden, so taucht die Frage auf: warum in diesem und nicht in irgendeinem andern, an sich doch absolut ununterscheidbar gleichwertigen Zeitpunkt? Ist sie seit Ewigkeit, so ist eine unendliche Reihe von Weltzuständen verflossen, also abgeschlossen, fertig, vollendet — eine vollendete unendliche Reihe aber ist ein Widerspruch. Die Lösung liegt darin, daß die Zeit und mit ihr die Welt einen Anfangspunkt hat, von dem wir nie abstrahieren können: das Jetzt, das heißt der Standpunkt des wahrnehmenden oder erfahrenden Bewußtseins, von dem aus eine unvollendbare — indefinite Reihe in die Vergangenheit wie in die Zukunft führt. K. gewinnt durch seine Theorie die Möglichkeit, trotz des Newtonschen absoluten Raumes in aller Strenge daran festzuhalten, daß in aller reinen Kinematik, also überall da, wo nur die Bewegung und noch nicht die bewegenden Kräfte ins Spiel kommen, jede Bewegung als relativ angesehen werden muß. Denn der absolute unendliche Raum ist kein wirkliches Objekt, sondern nur eine „I d e e“ (metaph. Anfangsgründe der Naturwissenschaft), er bedeutet nur die unserm Vorstellen eigne Möglichkeit, jeden einzelnen Raum, den wir vorstellen, von einem beliebigen größeren umschlossen vorzustellen, und weiter die Notwendigkeit, diese

Vorstellung ins Unendliche fortzusetzen. Der absolute Raum ist „an sich Nichts und gar kein Objekt, sondern bedeutet nur einen jeden andern relativen Raum, den ich mir außer dem gegebenen jederzeit denken kann, und den ich nur über den gegebenen ins Unendliche hinausrücke, als einen solchen, der diesen einschließt und in welchem ich den ersteren als bewegt annehmen kann".

Das 19. Jahrhundert

Von drei Seiten her wird im 19. Jahrhundert – dem Jahrhundert der Spezialwissenschaften, der Auflösung aller wissenschaftlichen Erkenntnis in Spezialdisziplinen und Spezialfragen – das Raum- und Zeitproblem in Angriff genommen: von der naturphilosophischen, der mathematisch-physikalischen, der physiologisch-psychologischen Seite her. In allen drei spielt historisch der Einfluß Kants mit.

Mathematisch bringt der Anfang des Jahrhunderts durch die Entwicklung der Nicht-Euklidischen Geometrie die Lösung des Parallelenproblems. Schon im Altertum hatte man versucht (Proclus), das fünfte Euklidische Axiom, das Parallelenpostulat („Wenn zwei Geraden in einer Ebene von einer dritten so geschnitten werden, daß die Summe der mit ihr gebildeten konjugierten Winkel auf einer Seite weniger als zwei Rechte beträgt, so schneiden sich die beiden Geraden auf dieser Seite" – gleichbedeutend mit dem Satz, daß durch einen Punkt zu einer gegebenen Geraden nur eine Parallele existiert) zu beweisen. Diese stets vergeblichen Versuche wiederholen sich immer wieder, bis durch Gauß († 1855), Lobatschewsky (1826) und Bolyai (1829) gezeigt wurde, daß das Axiom in der Tat unbeweisbar ist, das heißt daß sein Nichtgelten keinen logischen Widerspruch bedeutet, daß sich ein widerspruchsloses System von Sätzen unter der Voraussetzung entwickeln läßt, daß zwei in einer Ebene auf derselben dritten senkrecht stehende Gerade divergieren (Lobatschewskysche Geometrie). Später (1854) zeigte Riemann, daß ein weiteres mögliches, das heißt widerspruchsfreies abstrakt geometrisches System sich unter der Voraussetzung ergibt, daß die auf derselben Geraden in einer Ebene senkrecht stehenden Geraden konvergieren — eine Voraussetzung, die freilich nur möglich ist, wenn wir die Gerade nicht mehr mit Euklid als ins Unendliche verlängerbar, sondern als in ihrer Verlängerung in sich zurücklaufende, geschlossene Linie, den Raum selbst also zwar als unbegrenzt, nirgends auf eine äußere Grenze stoßend, aber als endlich (wie im Gebiet der Flächen die Kugelfläche eine zwar unbegrenzte, aber in sich zurücklaufende, also endliche Fläche ist) betrachten. Gestützt wurde der Beweis der Widerspruchslosigkeit jener Geometrien durch den durchgehenden Parallelismus, der sich zwischen den Formeln für die zwei dimensionalen Gebilde des Riemannschen Raumes einerseits und der entsprechenden Figuren auf der Kugelfläche des Euklidischen Raumes anderseits, und ebenso zwischen den Figuren des Lobatschewskyschen Raumes und der pseudosphärischen Fläche sich ergab: Wäre im System der Nicht-Euklidischen Geometrien ein Widerspruch enthalten, so müßte er auch in jenen Teilen der Euklidischen Geometrie zum Vorschein kommen.

Es ergab sich aus alledem der Euklidische Raum, wie ihn die bisherige Geometrie ihren Betrachtungen zugrunde legte, als Spezialfall innerhalb eines viel allgemeineren „Raum"- oder Mannigfaltigkeitsbegriffs. Am schärfsten brachte das Riemann zum Ausdruck. Ausgehend vom Begriff der n-dimensionalen stetigen Mannigfaltigkeit als eines Inbegriffs von Gliedern, deren jedes durch gegeneinander selbständige Bestimmungsweisen bestimmt ist, der Art, daß innerhalb jeder Bestimmungsweise ein stetiger Fortgang nach zwei Seiten möglich ist, bezeichnet er zunächst die Punkte des Euklidischen Raumes als Glieder einer solchen dreidimensionalen Mannigfaltigkeit, die aber weiter speziell dadurch ausgezeichnet ist, daß sie eine Mannigfaltigkeit konstanten „Krümmungsmaßes" und noch genauer vom Krümmungsmaß O ist. Dieser Begriff des „Krümmungsmaßes" ist dabei von der Fläche auf den Raum übertragen: eine Fläche konstanten Krümmungsmaßes ist eine solche, in der eine Figur ohne Drehung bewegt werden kann, wie dies auf der Kugelfläche etwa der Fall ist, eine Fläche vom Krümmungsmaß *0* ist eine Ebene; in entsprechender Übertragung dieser mathematisch ausdrückbaren Bestimmungen auf den dreidimensionalen Raum erscheint der Euklidische als „ebener", der Riemannsche als „sphärischer" Raum.

Nun taucht die Frage auf: Woher wissen wir, daß der „wirkliche", der physikalische Raum, das heißt der Raum, in dem wir leben und in dem die physikalischen Vorgänge sich abspielen, euklidisch ist, bzw. ist es sicher, das es sich so verhält? Mathematisch-logisch sind die betrachteten Raumformen gleichwertig, wie steht es mit ihrer physikalischen Objektivität? (gleichgültig zunächst, ob mit Kant dieser physikalisch-empirischen Realität vielleicht eine „transzendentale Idealität" entspricht). Und weiter: worauf beruht unsere bisher unangezweifelte Überzeugung von der alleinigen Wirklichkeit des Euklidischen Raumes? Eine Möglichkeit war durch die Entdeckung der Nicht-Euklidischen Geometrie ausgeschlossen: daß der Gedanke der Euklidischen Natur unseres Raumes auf einer Denknotwendigkeit beruhte. Dagegen blieben drei andre Möglichkeiten. Erstens konnte der Notwendigkeit, den Raum als euklidisch — als einen Raum, in dem zwischen zwei Punkten eine und nur eine unendlich verlängerbare gerade Linie möglich ist — vorzustellen, eine Gesetzmäßigkeit, ein Zwang unserer Anschauung zugrunde liegen, der Euklidische Raum also Anschauung a priori im Sinne Kants sein. Vertreter dieser Ansicht wiesen besonders auf die Unmöglichkeit hin, Nicht-Euklidische Räume bzw. Figuren in denselben anschaulich vorzustellen: ich kann mir zwar denken, daß ich in einen Raum hineinschreitend schließlich wieder zum Ausgangspunkt komme, will ich mir aber dann die Figur anschaulich vorstellen, die ich beschrieben habe, so kann ich das nur tun, indem ich ihr eine in sich zurücklaufende, von Raum umgebene Linie, also eine geschlossene Linie im Euklidischen Raum in der Vorstellung unterschiebe. Von andrer Seite wurde behauptet, daß die Vorstellungsunmöglichkeit nur eine Ungewohntheit, eine empirische Unmöglichkeit sei, daß also — damit kommen wir zu dem zweiten möglichen Fall — das Parallelenpostulat, vom wirklichen Raum als gültig behauptet, nur ein empirischer Satz wäre. Erfahrung hat uns gelehrt, daß der Raum euklidisch ist. Endlich ist in neuerer Zeit ein dritter Gedanke im Zusammenhang mit allgemeinen erkenntnistheoretischen Überzeugungen verfochten worden: Die Euklidische Natur des Raumes sei eine bloße konventionelle Annahme, lediglich sich durch ihre Einfachheit und Bequemlichkeit für die physikalische Betrachtung sich empfehlend (H. Poincaré). Diese dritte und die vorherige zweite Möglichkeit ergänzen sich im Grunde, denn wenn das Parallelenaxiom eine Konvention ist, so sicher eine solche, die im Hinblick auf die Erfahrung getroffen wird, die Erfahrung aber kann uns nur lehren, daß angenähert, innerhalb der Grenzen der Beobachtbarkeit das Axiom gilt, seine genaue Gültigkeit bleibt also eine Annahme.

Ist es sinnvoll, die Frage der Natur des physikalischen Raumes einer direkten Nachprüfung zu unterwerfen, ist es möglich, daß die Nicht-Euklidische Geometrie doch auch physikalische Bedeutung gewinnt? Auch die anschauliche Unvorstellbarkeit nicht ebener Räume schließt das nicht aus, wie ein charakteristischer Vergleich zeigt, dessen sich insbesondere Helmholtz bediente: Denken wir uns Wesen, die, selbst nur zweidimensional ausgedehnt auf einer Kugelfläche leben, so werden dieselben, deren Vorstellung nur Zweidimensionales umfaßt, eine Kugelfläche nicht vorstellen können, wohl aber werden sie die Erfahrung machen, daß ein Fortgehen scheinbar in gerader Richtung sie nach einiger Zeit an den Ausgangspunkt zurückführt, daß also ihre Welt endlich oder geschlossen ist. Der Raum, den diese Wesen vorstellen, den sie in der Phantasie konstruieren, erweist sich als verschieden von demjenigen, den die Erfahrung und empirische Größenmessung ihnen zeigt. Ähnliches könnte auch für unsern dreidimensionalen Raum und die auf ihn bezüglichen Erfahrungen zutreffen. Da im Lobatschewskyschen Raum die Winkelsumme des Dreiecks kleiner, im Riemannschen größer als 2 R sein muß, ergibt sich in der tatsächlichen Ausmessung eines genügend großen Dreiecks die Möglichkeit einer empirischen Prüfung der Frage, die auch wirklich von Gauß und Lobatschewsky in Angriff genommen wurde. Des ersteren Ausmessung des geodätischen Dreiecks Brocken, Inselsberg, Hoher Hagen und des letzteren Messung eines astronomischen Dreiecks schienen innerhalb der Beobachtungsgrenzen die Euklidische Natur des Raumes zu bestätigen. Freilich läßt sich gegen derartige Messungen der Einwand erheben, daß doch alle unsere Messungen auf Apparaten und Operationen beruhen, die eigentlich die Euklidische Geometrie schon voraussetzen, immerhin müßte doch die Verschiedenheit des physikalischen vom geometrisch vorausgesetzten Raum in einer Abweichung der durch Messung gefundenen von den auf Grund der Konstruktion und Rechnung vorhergesagten Resultaten zum Ausdruck kommen.

Speziell bei Helmholtz berühren sich

diese von den Axiomen der Geometrie ausgehenden Untersuchungen mit Überlegungen sinnesphysiologischer und psychologischer Natur und zugleich mit einer bestimmten Richtung des Kantanismus. Wir haben den subjektiven und objektiven Raum zu unterscheiden — subjektiv ist die anschaulich gegebene Raumform, die in unser Wahrnehmen die Dinge verlegt, aber dieser Raum ist ein Sinnesphänomen wie Farbe und Ton, dem objektive Sinnesreize zunächst und weiterhin objektive Beziehungen realer Dinge, die auf unsere psychologische Organisation wirken, zugrunde liegen. Der Raum, den wir sehen, ist kein Abbild einer gleichartigen räumlichen Ordnung der optischen Reize, wie ja nirgends unsere Sinneswahrnehmung die Reize abbildet, nur entsprechen gewisse Momente der Reize („Lokalzeichen") der durch sie bedingten anschaulich-räumlichen Ordnung der Empfindungen. Noch weniger ist der Anschauungsraum unverändert in der Dingwelt enthalten, sondern die Dinge befinden sich in einer Ordnung zueinander, die, auf unsern psychophysischen Organismus wirkend, als „Raum" wahrgenommen wird, die aber an sich eine der möglichen Ordnungsformen sein kann, von denen der mathematische Verstand uns zeigt, daß sie für eine Mannigfaltigkeit von Elementen möglich sind. Freilich kommt als empirisch begründbare Hypothese in bezug auf die Natur des „wirklichen" Raumes nur die Annahme einer Raumform in Betracht, die eben Ursache unseres Wahrnehmungsraumes und seiner Eigenschaften sein k a n n. Von Helmholtz, dem eigentlichen Begründer der modernen experimentell gestützten Sinnesphysiologie und -psychologie, nehmen dann jene zahlreichen Untersuchungen von Wundt, Stumpf, Hering u. a. ihren Anfang, die sich auf den Zusammenhang der Raumwahrnehmung und der zugehörigen optischen und taktilen Reize bzw. der objektiven, durch physikalische Methoden festzustellenden räumlichen Verhältnisse der äußeren Körperwelt beziehen. Auf diese ausgedehnten und noch keineswegs abgeschlossenen Untersuchungen kann hier nicht näher eingegangen werden.

Die physikalisch-mathematische Behandlung des Raum- und zugleich des Zeitproblems einschließlich jener zuletzt erwähnten Frage der physikalischen Anwendbarkeit der Nicht-Euklidischen Geometrie erfuhr nun eine eigentümliche Wendung und Vertiefung durch Albert E i n s t e i n s spezielle (1905) und allgemeine (1911) R e l a t i v i t ä t s t h e o r i e. Die Relativität aller g e r a d l i n i g - g l e i c h f ö r m i g e n B e w e g u n g war bekanntlich ein Punkt, in dem außer Descartes und Leibniz auch Newton und Kant übereinstimmten. Der Gedanke dieser Relativität aber wurde nun durch die Entwicklung einer außerhalb der Mechanik stehenden Disziplin, der Optik und

Elektrodynamik, vor ein neues Problem gestellt. Da die Theorie der optischen Erscheinungen mit zwingender Notwendigkeit zu dem Schluß führte, daß die Fortpflanzungsgeschwindigkeit des Lichtes konstant und von der Bewegung des lichtaussendenden Körpers unabhängig sei, schien die Möglichkeit gegeben, die Geschwindigkeit eines gleichförmiggeradlinig sich bewegenden Körpers mit der Lichtgeschwindigkeit zu vergleichen, also jene Geschwindigkeit in bezug auf den ruhenden Äther, d. h. in bezug auf den Raum zu messen. Damit wäre die absolute Geschwindigkeit eines Körpers konstatierbar geworden. Die betreffenden Versuche zeigten jedoch k e i n Resultat: die scheinbare Geschwindigkeit des Lichtes, gemessen einmal in der Richtung der fortschreitenden Erdbewegung, einmal senkrecht zu dieser, ergab sich als nicht verschieden, ein dem Licht Nachkommen oder durch entgegengesetzte Bewegung hinter ihm Zurückbleiben der Erde war nicht feststellbar (Michelsonscher Versuch). Dieser Tatsache trug die spezielle Relativitätstheorie Einsteins dadurch Rechnung, daß sie das Prinzip der Relativität der geradlinig-gleichförmigen Bewegung als Grundprinzip für a l l e Gebiete der Physik aufstellte, es also für prinzipiell unmöglich erklärte, auf irgendeinem Wege festzustellen, ob und welch eine Bewegung einem Körper in bezug auf den Raum oder den „Äther" zukomme. Die Schwierigkeit bestand nun darin, dieses Relativitätsprinzip mit der von der optischen Theorie geforderten Konstanz der Lichtgeschwindigkeit zu vereinigen. Diese Vereinigung gelang nur durch einen weiteren kühnen Gedanken: durch die Relativierung des Begriffs der Gleichzeitigkeit und damit zugleich aller Resultate einer Zeitmessung überhaupt. Wie kann derselbe Lichtstrahl sich von *A* und von *B* aus mit der gleichen Geschwindigkeit — 300 000 km in der Sekunde — nach allen Richtungen fortpflanzen, wenn zugleich *A* in bezug auf *B* nach bestimmter Richtung sich bewegt? Nur dann, wenn eben eine „Sekunde" (und ebenso ein Kilometer) in *A* gemessen etwas anderes ist als eine „Sekunde" (und ein Kilometer) in *B* gemessen. Um die Möglichkeit dieses Gedankens einzusehen, bedarf es einer Besinnung auf die Bedingungen (und damit den Sinn) aller Zeitmessung überhaupt. „Die Zeit an sich ist nicht wahrnehmbar" (Kant), das heißt wir können an sich weder den Zeitpunkt eines Ereignisses, noch die Zeitstrecke eines Vorganges beobachten und bestimmen, sondern wir können nur feststellen, ob ein Ereignis mit einem anderen, zum Beispiel einem bestimmten Stand eines Uhrzeigers, gleichzeitig ist oder nicht, und so die Zeitstrecke eines mit der eines anderen Ereignisses, dessen Anfang und Ende ihm gleichzeitig sind.

vergleichen. Handelt es sich nun darum, den Ablauf eines vom Punkt P zum Punkt Q fortschreitenden Vorganges zu messen, so müssen wir den Anfang jenes Vorgangs an einer Uhr in P, das Ende an einer Uhr in Q feststellen, das Ziel der Messung aber ist nur erreicht, wenn wir die Stellung beider Uhren vergleichen oder die Uhren „synchron" stellen können: wir müssen wissen, daß die Zeigerstellung O und t auf der Uhr in P mit der Zeigerstellung O und t auf der Uhr in Q gleichzeitig ist. Dazu bietet sich e i n und n u r e i n Mittel: das Lichtsignal, von dem ich weiß, daß es stets dieselbe Geschwindigkeit hat. Ich muß die verschiedenen Uhren, deren ich mich zur Zeitmessung bediene, so stellen, daß, wenn vom Punkt P zur Zeit 0 ein Lichtsignal abgesandt wird, die Uhr in Q, das von P um x Kilometer entfernt ist, beim Eintreffen des Signals auf $0+\frac{x}{c}$ gestellt wird. Das bietet keine Schwierigkeiten, solange es sich um Punkte und Uhren handelt, die gegeneinander ruhen. Dagegen entstehen Widersprüche, sobald wir uns ein zweites System $P'Q'$ denken, in bezug auf das sich PQ bewegt — der Einfachheit halber sei angenommen, daß von $P'Q'$ aus gesehen PQ sich in der Richtung von P nach A hin an ihm entlang bewegt — und wenn wir die Zeitangaben der miteinander synchron gestellten Uhren auf $P'Q'$ mit denen auf PQ vergleichen. Das von P' auf der in sich selbst ruhenden Strecke $P'Q'$ nur x Kilometer entfernte Q' wird von dem um 0 Uhr von P' ausgehenden Lichtsignal um $0 + \frac{x}{c}$ erreicht (genauer: die Uhren in P' und Q' gehen dann synchron, wenn sie dieser Bestimmung entsprechend gestellt werden), da aber Q sich von P' entfernt, so kann, wenn P und P' im Zeitpunkt 0 gerade zusammenfallen, unmöglich auch Q mit Q' zusammenfallen: das in einem Augenblick, in dem die in den gerade zusammenfallenden Punkten P und P' aufgestellten Uhren 0 anzeigen, von dort ausgehende Lichtsignal muß in seinem weiteren Verlauf längs der Grenze von PQ und $P'Q'$ auf eine ständig wachsende Zeitdifferenz der Uhren in PQ und derjenigen in $P'Q'$ stoßen, ist es in Q' angelangt, so muß die dortige Uhr $0 + \frac{x}{c}$, die Uhr an derselben Stelle von PQ aber kann noch nicht soviel zeigen. Es gibt keine Zeitangaben an sich, sondern nur solche, die für einen bestimmten Standpunkt gelten.

Es gibt aber keine einheitliche, gleichmäßig verfließende Zeit, weder als reales Gebilde, noch als dem physikalischen Geschehen zugrunde zu legende „Idee", es gibt aber auch nicht einmal schlechthin gültige zeitliche Beziehungen, sondern nur zeitliche Beziehungen der Dinge und Vorgänge, die für einen bestimmten Ort gelten, ein Inbegriff von „Ortszeiten", von denen die eine freilich von der andern aus berechnet werden kann, tritt an die Stelle der absoluten Zeit. Zeit und Raum, seit Leibniz und Newton einander parallel gesetzte, aber unabhängig voneinander existierende Gebilde, für Kant die zwei Anschauungsformen, in denen alles empirisch Wirkliche gedacht werden muß, schmelzen zu einem einzigen Gebilde, einer vierdimensionalen „Raumzeit" zusammen. In mathematischer Form hat der Mathematiker Minkowski diesen Gedanken ausgeführt.

Natürlich kann auch der engste Zusammenhang, in den die physikalische Theorie Raum und Zeit bringt, nicht die Tatsache aus der Welt schaffen, die Descartes mit im Auge hatte, wenn er die räumliche Ausdehnung als Spezifikum ausschließlich der Körperwelt bezeichnete oder um deretwillen Kant die Zeit als Form des inneren Sinnes dem Raum als der Form des äußeren Sinnes gegenüberstellte: die Tatsache, daß es Bewußtseinsinhalte, die Gefühle, Strebungen, Gedanken, die ganze aus ihnen sich aufbauende Wirklichkeit des rein Seelischen gibt, die mit Raum und Räumlichem nichts zu tun haben, wohl aber Dauer, Folge und Zugleichsein zeigen. Die Zeit, um die es sich handelt, ist nur die physikalische Zeit, die mit Hilfe von Instrumenten meßbare Zeit, nicht das Zeiterlebnis — so wie auch in der Raumfrage die Relativitätstheorie eben nur vom physikalischen Raum spricht, das heißt vom Inbegriff der meßbaren Lagebeziehungen gleichzeitig existierender Körper, nicht von der unmittelbaren Raumwahrnehmung.

Die Ausschaltung des absoluten Raumes und der absoluten Bewegung aus der Physik wird nun aber erst vollendet durch jene kühne Erweiterung seiner Theorie, der Einstein selbst den Namen der „allgemeinen" Relativitätstheorie gegeben hat. Man erinnert sich, daß Newton und seine Schule zwar nicht an der gleichförmig-geradlinigen, wohl aber an der beschleunigten und Drehbewegung absolute und relative Bewegung unterscheiden zu können meinten. Allerdings nicht für die rein kinematische Betrachtung: fasse ich nur die Bewegung selbst ins Auge, so ist klar, daß auch ein Körper sich für unsere Wahrnehmung nur dreht oder beschleunigt bewegt in bezug auf einen andern Körper, den wir als ruhend ansehen und daß wir dieselbe Bewegung ebensogut beschreiben können, indem wir jenen andern Körper als in entgegengesetzter Richtung bewegt oder sich drehend und den ersten als ruhend annehmen. Aber dynamisch, an gewissen dynamischen Folgeerscheinungen der Bewegung läßt sich erkennen, ob der eine oder der andre Körper sich „wirklich“ bewegt: Der Reisende im plötzlich anhaltenden Eisenbahnzuge wird nach vorwärts geworfen, während die Gegenstände auf dem Bahndamm, in bezug auf den der Zug sich mit wachsender Verzögerung bewegt, still stehen bleiben; die rotierende Erde erfährt eine Abplattung durch die am Äquator auftretenden Fliehkräfte, die nicht auftreten würde, wenn der Fixsternhimmel sich um die ruhende Erde bewegte. Von verschiedener Seite war schon gegen diese Argumentation Einspruch erhoben worden. Ich erwähne den Physiker Ernst Mach († 1916), der die nicht unberechtigte Frage aufwarf: woher wir denn wüßten, daß im Fall des Rotierens des Fixsternhimmels um die Erde jene Fliehkräfte an der Erde nicht auftreten würden, daß also diese Kräfte nicht vielmehr eine Folge der Beziehung zwischen der Erde und den sie umgebenden Massen der Fixsterne, als vielmehr eine solche der Beziehung der Erde zum Raum sei? „Rotation“ eines Körpers überhaupt oder schlechthin ist Drehung desselben in bezug auf den Fixsternhimmel (hier folgt Mach den Gedanken Berkeleys), so liegt es nahe genug, auch die positiven Massen desselben und nicht den fingierten leeren Raum zur Ursache der Fliehkräfte zu machen. Diese Idee, bei Mach ein nur allgemein geäußerter Gedanke, ordnet sich bei Einstein in den Zusammenhang einer durchgeführten mathematischen Theorie. Der Kern dieser Theorie ist der Gedanke, daß wir jedes beschleunigte System auch als ein ruhendes ansehen können, in dem ein bestimmtes, stationäres oder wechselndes, Schwerefeld herrscht. Der Ruck, den wir beim Anfahren oder Anhalten des Eisenbahnzuges, in dem wir sitzen, erhalten, die Zentrifugalkräfte an dem sich drehenden Körper lassen sich ebensogut als Folgen eines entsprechend gerichteten Gravitationsfeldes deuten. Stellen wir uns auf diesen Standpunkt, so kommt man zu einer prinzipiellen physikalischen Gleichwertigkeit nicht nur der gleichförmig-geradlinig bewegten, sondern auch aller beschleunigten Systeme.

Endlich bringt die allgemeine Relativitätstheorie eine höchst merkwürdige Folge mit sich: es muß im Bereich von Gravitationsfeldern die tatsächliche Ausmessung räumlicher Gebilde zu einem von der Berechnung auf Grund der Formeln der Euklidischen Geometrie abweichenden Ergebnis führen, das heißt die Euklidische Geometrie gilt nur noch streng dort, wo keine gravitierenden Massen vorhanden sind, in Schwerefeldern müssen wir ihre Formeln in einem vom Gravitationspotential abhängigen Maß verändern. Der physikalische „Raum" selbst ist also weder euklidisch, noch nicht-euklidisch im Sinn einer bestimmten nicht-euklidischen Geometrie, sondern seine Beschaffenheit hängt selbst von physikalischen Faktoren ab. Fern von gravitierenden Massen ist er annähernd euklidisch, in Gravitationsfeldern wird er sphärisch. Berücksichtigen wir die tatsächliche Verteilung der Massen, wie die Astronomie sie uns zu zeigen scheint, so werden wir ihn im Ganzen als annähernd sphärisch und als endlich mit sehr großem, aber berechenbarem Durchmesser ansehen können. Man kann sich keinen größeren Gegensatz zu der Newtonschen Physik denken: Dort leerer absoluter Raum und leere absolute Zeit als Bedingungen der Möglichkeit der Materie, hier die Struktur des Raumes abhängig von den Beziehungen gravitierender Massen, die Geometrie als Wissenschaft vom wirklichen Raum ein Teil der empirischen Physik. Bei Newton und seinen Anhängern trennt der leere Raum als das reine „Nichts" die seienden, substantiellen Körper voneinander, wie bei Demokrit, dem Vater aller Atomistik; und wie schon dort muß die philosophische Frage entstehen, wie denn das Nichts doch zugleich da sein, ja sogar schließlich Wirkungen üben kann, wenn anders doch die Fliehkräfte als Wirkungen der Beziehungen der sich drehenden Körper zum Raum angesehen werden sollen. Durch dieses Nichts pflanzen sich momentan, ohne Zeit zu brauchen, Wirkungen fort, die Wirkungen der Gravitation, der Anziehungskraft der Massen, oder fliegen (Newtons Emissionstheorie des Lichtes) kleinste, von den Massen ausgesandte Körper dahin in gerader Linie, bis sie auf den Widerstand entgegenstehender Massen treffen. In der modernen Physik wird dagegen umgekehrt der „Raum" zum eigentlichen Träger der Wirkungen, das heißt er wird zum ausgedehnten, in seiner Stärke wechselnden Schwerefeld, durch das sich alle Wirkungen mit meßbarer Geschwindigkeit fortpflanzen. Freilich, eine so starke Wirkung Einsteins Theorie geübt und so viel Anhänger sie sich erworben hat, sind ihre kühnen Ideen doch nichts weniger als unumstritten. Gerade in jüngster Zeit sind — unter den Physikern selbst — dem absoluten Raum und der absoluten Bewegung neue Verteidiger erstanden. —

Auf die Parallelisierung von Raum und Zeit bei Leibniz, Newton, Kant folgt die Verschmelzung beider zu einer „vierdimensionalen" Raumzeit. Beide Entwicklungen haben ihre gedanklichen Motive in der Physik. Die Tendenz der Entwicklung in der modernen Physik geht dahin, den Kausalgedanken auszuschalten und ihn durch den mathematischen Funktionsbegriff zu ersetzen. Der Kausalbegriff weist seinen beiden Elementen, der „Ursache" und „Wirkung", eine prinzipiell verschiedene zeitliche Stellung an; die Ursache ist das seinem Wesen nach Voraufgehende, die Wirkung das seinem Wesen nach Folgende. Wenn dagegen ein Faktor als Funktion eines andern dargestellt wird, so ist damit keine bestimmte Zeitordnung zwischen ihnen festgelegt. Ist A eine Funktion von X, so heißt das nicht, daß X voraufgeht und A folgt, sondern daß jedem Wert von X ein bestimmter, aus der Form der Funktion ersichtlicher Wert von A entspricht — aber auch umgekehrt. Die Zeit geht in die so rein die Form mathematischer Gesetze nachahmenden physikalischen Gesetzesformeln nur selbst als „Größe t", als ein Glied der Funktion, nicht als Ordnung der Glieder, ein. An die Stelle eines einheitlich *fortschreitenden* ursächlichen Geschehens in der Zeit tritt eine *wechselseitige* Abhängigkeit von Größen, zu denen auch Zeitgrößen gehören.

In eine der Physik gerade entgegengesetzte Richtung weist nun die Entwicklung, die ich hier unter dem einen Titel der „Naturphilosophie" zusammenfassen möchte. Ich denke dabei an Fichte, Schelling, Hegel, weiterhin aber auch an Spekulationen, wie sie uns in der Gegenwart besonders charakteristisch bei Henri *Bergson* begegnen. Gemeinsam ist diesen Denkern, die ich hier zusammenfassend meine, daß sie der Welt der anorganischen, physikalisch-chemischen Natur die des Lebendigen — unter die wir hier auch die des Seelischen und des geschichtlichen Geschehens rechnen können — gegenüberstellen; in der ersteren herrscht der Raum und mit ihm die mathematische Notwendigkeit, in der letzteren die Zeit und mit ihr Entwicklung, Fortschritt, schöpferische Kraft, Freiheit. Nicht unähnlich wie schon früher im Ausgang des Altertums, bei den Neuplatonikern und bei Augustin, wird der Parallelismus von Raum und Zeit geleugnet und die Zeit gewissermaßen zur „Seinsweise" einer über der mathematisch-physikalischen stehenden lebendig-seelischen Welt gemacht.

Als Beispiel sei zunächst Hegel gewählt. Die gesamte Welt des Gegenständlichen und mit ihr unser ganzes Wissen von dieser Welt, die Wissenschaft, zerfällt für H. in drei Schichten: die Welt der reinen Begriffe oder ideellen Gegenstände, von denen die Logik handelt, die Welt der Natur und die Welt des Geistes. Die Gegenstände der Logik haben mit Raum und Zeit nichts zu tun, sie sind unräumlich und unzeitlich. Die Körper, die Dinge der Natur, sind in Raum und Zeit, sie „sind" nur, sofern sie eine bestimmte Stelle in Raum und Zeit einnehmen, sich von einem anders erfüllten Stück Raum und Zeit unterscheidend abheben. Alles Geistige, vom Ich, der individuellen Einzelpersönlichkeit bis zu den überindividuellen Gebilden des Rechtes, der Religion, der Wissenschaft, sind über-zeitlich und -räumlich, sie enthalten ein Räumliches und Zeitliches, erheben sich aber zugleich über dasselbe, als in wirklicher Identität und strenger Einheit troß aller Mannigfaltigkeit und alles Wechsels sich Gleichbleibendes. Für die körperliche Natur ist wesentlich wie eben gesagt die Form des „Außereinander“ ein körperliches Ding erkennen heißt es abgrenzen, in seinem Unterschied von anderen festlegen, das Sein des einen Körpers ist sein „Anderssein“ als ein andrer Körper. Dieses Außereinander aber findet seinen reinsten Ausdruck im Raum. Der einzelne Raumpunkt hat an sich gar keinen Inhalt, er wird zu diesem bestimmten Punkte durch seine Beziehung zu andern Punkten, von deren jedem wieder dasselbe gilt. Nur indem sie aufeinander bezogen werden, nur in dieser Beziehung aufeinander werden die einzelnen zu verschiedenen und unterscheidbaren Raumpunkten. Nun ist aber doch andrerseits klar, daß wir die Raumpunkte nur aufeinander beziehen und dann durch diese Beziehung unterscheiden können, wenn wir zunächst jeden für sich festhalten — also von andern unterscheiden können. Dieser Widerspruch löst sich, wenn wir genauer zusehen, auf welchem Wege wir denn die Punkte des räumlichen Außereinander unterscheiden und aufeinander beziehen: wir tun das, indem wir sie aufreihen, in Linien auf- oder aneinanderreihen, sie werden unterschieden als frühere und spätere Glieder einer solchen Reihe bestimmter

Richtung — das heißt sie werden unterschieden, indem jedem von ihnen ein Zeitindex angeheftet wird. Die Zeit ist nicht das reine oder bloße Außereinander wie der Raum, denn ihre Punkte sind als Glieder einer bestimmt gerichteten Reihe durch ihre Stelle in dieser Reihe prinzipiell unterschieden. Ein Raumpunkt als solcher kann beliebig an die Stelle jedes andern treten, die Raumpunkte wie die Dimensionen des Raumes sind beliebig miteinander vertauschbar; dagegen können Zukunft und Vergangenheit nicht ihren Platz miteinander vertauschen. Eben darum zerfällt das homogene Medium des Raumes selbst erst in eine Reihe von unterscheidbaren und unterschiedenen Punkten, indem wir den Raum mit der Zeit verbinden, Linien ziehen, das heißt in Gedanken Bewegungen ausführen lassen, auf die Raumpunkte die Verschiedenheit der Zeitpunkte übertragen. So konstatiert H. die Untrennbarkeit von Raum und Zeit für die Physik, zugleich aber wird für ihn die Zeit nicht ein Analogon des Raumes, sondern ein dem Raum übergeordnetes Gebilde. Der Raum setzt das Außereinander, das Mannigfaltige, die Zeit dagegen das Bestimmte im Außereinander, die Einheit, sie ist, aristotelesch gesprochen, die „Form" gegenüber der „Materie" des Raumes. In der Zeit, sagt man, entstehe und vergehe alles, genauer aber, lehrt H., müsse man sagen, daß die Zeit vielmehr das reine Werden, Entstehen und Vergehen selbst sei. Der Raum ist das bloße abstrakte Sein, die Zeit das Werden. Innerhalb der körperlichen Welt verhält sich das Organische, die „geprägte Form, die lebend sich entwickelt“, zum toten mechanischen Räderwerk, dessen Glieder äußerlich ineinandergreifen, wie das „Werden“ zum abstrakten Sein, so verhält sich auch der Organismus mit dem inneren Entwicklungsgesetz seiner Gestalt, zum physikalischen Vorgang mit der mathematischen Formel, die das abstrakte Schema seiner Struktur ausdrückt, wie die zerstörende und eben damit zugleich schöpferische Zeit zum überall gleichartigen Raum. —

Die Wendung in der Raum- und Zeitfrage, die die idealistische Nach-Kantische Philosophie — nicht ohne bemerkenswerte Anklänge an die Spätantike — nimmt, erfährt eine geistvolle Prägung in den Schriften des modernen französischen Philosophen Bergson.

Es gibt nach B. zwei verschiedene Arten der Erkenntnis von Gegenständen. Das Ziel der einen, der naturwissenschaftlichen Erkenntnis, ist eigentlich nicht das Erfassen des Gegenstandes selbst, sondern seine praktische Beherrschung: die Naturwissenschaft erklärt die Natur, indem sie sie in eine Form bringt, die ihre praktische Beherrschung erlaubt. Zu diesem Zweck zerlegt sie den zu erkennenden Gegenstand in Teile und sucht diese Teile als fest umrissene, dauernde Gestalten zu fassen, die als dieselben Gestalten wiederkehren und deren Wiederkehr uns auch die Voraussage weiterer bestimmter Inhalte gestattet. Das Schwergewicht im naturwissenschaftlichen Weltbild muß wegen dieser praktischen Einstellung der Naturwissenschaft auf das sich Wiederholende, das Gleichartige in der Natur fallen. Am reinsten tritt das im mathematisch-naturwissenschaftlichen Raumbegriff zutage: der Raum als Inbegriff gleichartiger Punkte und die Natur als Raum ist das charakteristischste Gedankenprodukt der naturwissenschaftlichen Methodik. Dagegen kann es für diese Betrachtungsweise im Grunde keine Veränderung, wenigstens nicht im Sinn der Entstehung eines wirklich Neuen, einer wahren Schöpfung geben: kein wirklich Neues wäre mit den Mitteln der naturwissenschaftlichen Methodik verstandesmäßig voraussagbar. Eben darum ist alles nicht rein „Materielle", nicht nur Körperlich-Räumliche, alles Lebendige, Seelische, Geistige höchstens in gewisser Annäherung, mehr oder weniger und umso weniger, je weiter es sich von der Sphäre des Räumlichen entfernt, in die Begriffe der Naturwissenschaft faßbar. Nehmen wir als äußersten Gegenpol zur Materie das Leben des Bewußtseins, so gibt es im Bewußtsein überhaupt kein „Wiederkehrendes" oder in wirklicher Gleichartigkeit sich Wiederholendes. Das Bewußtsein, das ich jetzt habe, kann nie das Gleiche sein, wie das, das ich im Moment vorher hatte, weil im Bewußtsein des jetzigen die Erinnerung an den voraufgehenden Moment und sein Erleben mit enthalten ist. Die Erinnerung selbst ist nicht die Wiederkehr des Vergangenen, sondern das jetzt erlebte Bewußtsein vom Vergangenen, das eben das Bewußtsein der Gegenwart zugleich in sich schließt. „Materie" und „Gedächtnis" sind Gegensätze, denn im Gedächtnis liegt jenes Moment der Neuschöpfung, das das seelische Erleben als solches kennzeichnet. Dafür können wir schließlich auch sagen: Materie und Zeit oder Raum und Zeit sind Gegensätze, wenigstens wenn wir die Zeit im Sinn der unmittelbar erlebten Dauer nehmen. Die Zeit ist das nicht Umkehrbare, kein Zeitmoment kann als solcher wiederkehren. Darum ist Zeit, Bewegung, Veränderung, schließlich Leben und Bewußtsein, wenn wir sie im eigentlichen Sinn nehmen, mit den Mitteln der Naturwissenschaft nicht zu fassen, wenigstens nicht in ihrem eigentlichen Sein, nicht ohne Übersetzung in eine ihnen fremde Sphäre. Die physikalisch-mathematische Betrachtung ersetzt die einheitliche Bewegung, die sie begreifen will, durch etwas ganz andres: durch die unendliche Summe verschiedener Lagen, die der bewegte Körper durchläuft, gleichsam durch eine unendliche Anzahl ruhender Momentbilder und gerät eben damit notwendigerweise in die bekannten Antinomien des Unendlichen. Sie ersetzt die wirkliche Zeit, das wirkliche schöpferische Werden selbst, die reale „Dauer" gleichfalls durch etwas ganz andres: durch das abstrakte Schema der physikalischen Zeit, die in sich homogen in gleichartige, ununterscheidbare Sekunden geteilt ist, damit aber selbst eigentlich etwas Unbewegliches wird und den eigentlichen Zeitcharakter einbüßt. Die Naturwissenschaft erklärt eine Veränderung, indem sie zeigt, daß sie eigentlich gar nicht stattfand, das heißt, daß das scheinbar Neue im Grunde schon da war, nur latent oder in andrer Gestalt, darum sind ihre obersten Gesetze Erhaltungsgesetze, wie das Gesetz der Erhaltung der Masse und der Energie. Das Schema ihrer Erklärung ist dies, daß ein x werden mußte, weil es schon war. Eben darum aber muß gegenüber jeder Welt, bei der diese Betrachtung versagt, also gegenüber der Welt einer „schöpferischen Entwicklung", gegenüber der Welt der „Freiheit" im Gegensatz zur mathematischen Notwendigkeit, in der es nur Umgruppierung, nicht Schöpfung, nur Identität, nicht Veränderung gibt, eine andre Erkenntnis Platz greifen, die über die Naturwissenschaft hinausgreift, die mit andren Mitteln ihren Gegenstand begreift oder versteht: die Metaphysik.

Alles Lebendige und Schöpferische ist das sich Auswirken eines „élan vital“, einer Spannkraft, wir erkennen und begreifen es, indem wir uns in diese Spannkraft hineinversetzen, hineinfühlen und so von innen heraus, nicht durch Betrachtung und Zergliederung von außen, das einheitliche Werden, das aus jenem „Elan“ entspringt, in seiner bestimmten Richtung verstehen. Die Form alles dieses schöpferischen Werdens aber ist die Zeit, die lebendige Dauer, nicht freilich jenes abstrakte Symbol, jenes Pendant zum Raume, das das naturwissenschaftliche Denken sich bildet, um mit seiner Hilfe auch Bewegung und Veränderung seiner Begriffsbildung zu unterwerfen.

Bei Plato tritt eine raum- und zeitlose, „ewige“ Ideenwelt der werdenden und vergehenden, hier oder dort existierenden Welt der Körper schroff gegenüber, damit zugleich die Wissenschaft von der ersteren dem — nur wahrscheinlichen — Wissen von der letzteren; bei Kant stellt sich, in gewisser Weise nicht unähnlich, die Welt der Erscheinungen in Raum und Zeit, die Welt der wissenschaftlichen Erkenntnis, den außerräumlichen und außerzeitlichen Dingen an sich gegenüber, die freilich nur einen Gegenstand des Glaubens, nicht des Wissens bilden. Bei Plotin, bei Hegel erhebt sich stufenförmig über die Körperwelt, die Welt der Existenzen in Raum und Zeit, die andre Welt, in der Raum und Zeit entstehen, die Welt des Seelischen und Geistigen. Bei Bergson ist die primäre Unterscheidung die der zwei Denk- oder Erkenntnisweisen, der analysierenden, die aus der Welt eine Summe begrifflich vereinzelter Existenzen macht, über die nun eine Ordnungsform — Raum und Zeit im mathematisch-physikalischen Sinn — sich legen muß, und der unmittelbar erschauenden, die die Welt als Einheit, als Ganzes zu fassen sucht und über der Materie, dem Raum des Physikers, den Strom des Lebens und der Zeit findet. Soweit die eine Erkenntnisweise Erfolg hat, ist die Welt „Materie" im physikalischen Raum, wo ihre Grenzen liegen, beginnt die Sphäre des Lebens.

Stärker als je sind, wie man sieht, gerade auch wieder in unserer Zeit die Begriffe des Raumes und der Zeit zum Gegenstand der wissenschaftlichen und der philosophischen Untersuchung geworden. Diese Untersuchungen sind nach keiner Richtung bisher abgeschlossen. Sie schließen sich noch nirgends zu einem einheitlichen Ganzen zusammen. Sie scheinen sogar in ausgesprochen entgegengesetzter Richtung sich zu bewegen. Zugleich aber sind sie — das dürfte aus unserem knappen Überblick klar geworden sein — die konsequente Fortsetzung von Problemlösungen und Gedankengängen, die weit in die Geschichte zurückgehen. Das Schwierige, zugleich aber auch das Fesselnde am Raum- und Zeitproblem ist, wie in der Einleitung hervorgehoben wurde, daß sich in ihm Gedanken kreuzen, die von verschiedenen Seiten kommen. Wie verhalten sich die möglichen Ordnungsformen, die der mathematische Verstand erdenkt, zu den Gebilden physikalischer Wirklichkeit, die der Naturforscher seiner Weltbetrachtung zugrunde legt? Wie verhalten sich diese wiederum zu der lebendigen, seelischen und Bewußtseinswirklichkeit, die uns das unmittelbare Erleben zeigt? Hier weiter zu gehen und tiefer zu greifen, würde ein Eindringen in die letzten Probleme der Erkenntnistheorie erfordern.

Zeitfracht Medien GmbH
Ferdinand-Jühlke-Straße 7
99095 Erfurt, Deutschland
produktsicherheit@kolibri360.de